Najeh TKA

Nova via para a síntese de 1,2,4-oxadiazina-5-onas quirais

Najeh TKA

Nova via para a síntese de 1,2,4-oxadiazina-5-onas quirais

síntese fácil de novas 1,2,4-oxadiazinas-5-onas quirais a partir de aminoácidos naturais

ScienciaScripts

Imprint

Cover image: www.ingimage.com

This book is a translation from the original published under ISBN 978-620-6-70703-5.

Publisher:
Sciencia Scripts
is a trademark of
Dodo Books Indian Ocean Ltd. and OmniScriptum S.R.L publishing group

120 High Road, East Finchley, London, N2 9ED, United Kingdom
Str. Armeneasca 28/1, office 1, Chisinau MD-2012, Republic of Moldova, Europe
Printed at: see last page
ISBN: 978-620-7-92439-4

Conteúdo

INTRODUÇÃO GERAL

O mundo vivo é constituído por estruturas assimétricas sintetizadas por processos altamente selectivos que ocorrem nos organismos. As moléculas quirais naturais existem frequentemente sob a forma de um único enantiómero, como os aminoácidos, que são os blocos de construção das proteínas e têm sempre a configuração (*L*).

Desde a descoberta da quiralidade, os químicos têm dedicado toda a sua criatividade ao desenvolvimento de sistemas eficazes de controlo da quiralidade. [1]Em 1848, Louis Pasteur descobriu a noção de quiralidade enquanto trabalhava na molécula do ácido tartárico **1** **(esquema 1)**. Seguiram-se os trabalhos do químico francês Joseph Le Bel e do químico holandês Van't Hoff para explicar a noção de configuração, que deriva diretamente da estereoquímica.[2]

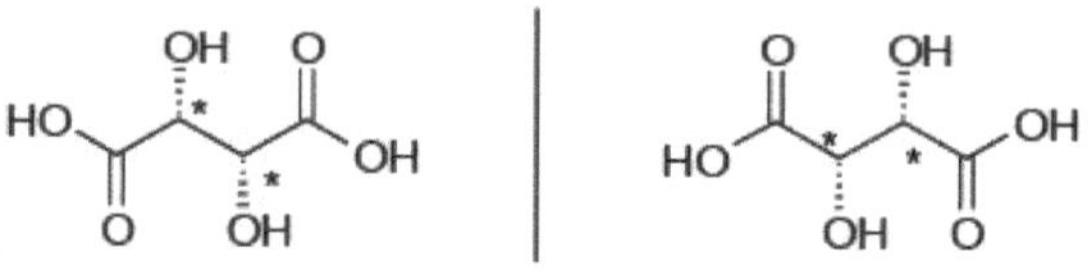

(2*R*, 3*S*)-(+)-acide tartrique

1

(2*S*, 3*R*)-(-)-acide tartrique

1'

Schéma 1

Uma molécula quiral numa ou noutra forma enantiomérica não terá o mesmo efeito no nosso organismo, como é o caso de certos medicamentos. [3,4]O primeiro exemplo reconhecido que ilustra as diferentes actividades de dois enantiómeros foi descrito em 1849 por Puitti, que observou que a amida (*L*)-asparagina **2** do ácido aspártico, um aminoácido natural, é insípida (não tem sabor), enquanto o seu enantiómero (*D*)- tem um sabor doce **(esquema 2)**.

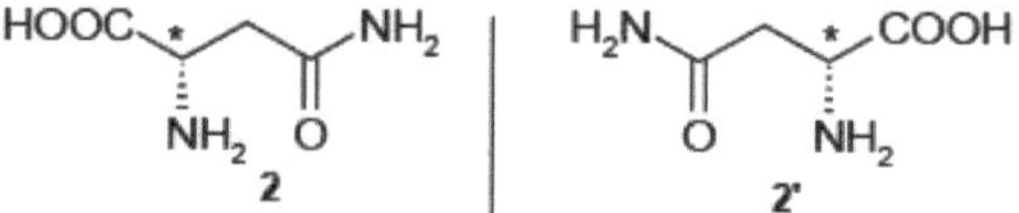

2

(*L*)-aspargine

Insipide

2'

(*D*)-aspargine

Goût sucré

Schéma 2

Por exemplo, o (*R*)-limoneno **3**, utilizado na indústria dos perfumes, tem um odor a laranja, enquanto o (*S*)-limoneno tem um odor a limão.

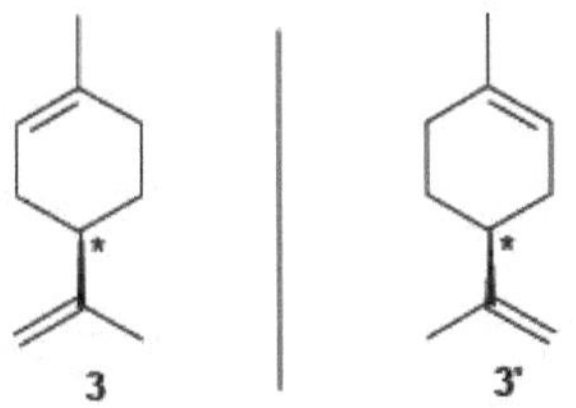

3

(*R*)-Limonène

Odeur orange

3'

(*S*)-Limonène

Odeur citron

Schéma 3

Atualmente, as moléculas utilizadas nos produtos farmacêuticos são cada vez mais desenvolvidas sob a forma de um único enantiómero. A principal razão para isso é que um dos dois enantiómeros tem a propriedade desejada, enquanto o outro enantiómero é tóxico ou simplesmente inativo. [4]Um dos exemplos mais tristes da utilização de misturas racémicas é o caso da talidomida **4**. Este medicamento era utilizado principalmente por mulheres grávidas nos primeiros meses de gravidez para tratar as náuseas. Enquanto a forma (*R*) é um excelente analgésico, a forma (*S*) é um veneno que provoca malformações *fetais* **(Esquema 4).**

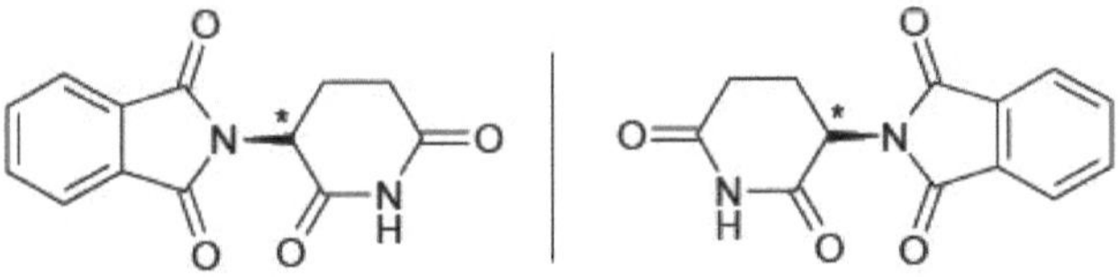

4

(*S*)-Thalidomide

tératogène

4'

(*R*)-Thalidomide

analgésique

Schéma 4

[5]Outro exemplo é a cetamina **5**, cuja forma (*S*) é utilizada como anestésico e cuja forma (*R*) pode causar perturbações psicológicas **(esquema 5)**.

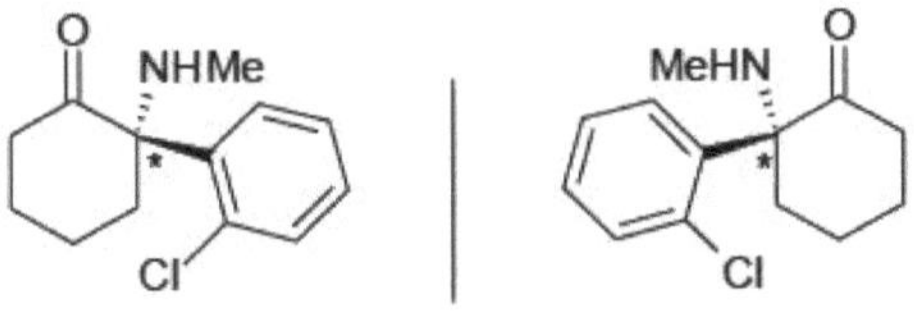

5

(*S*)-Kétamine

anesthésique

5'

(*R*)-Kétamine

excitant

Schéma 5

Esta limitação demonstra claramente a importância de um controlo rigoroso da estereoquímica. Por estas razões, a FDA (Food and Drug Administration) incentiva as empresas farmacêuticas a comercializarem os seus medicamentos sob a forma de um único enantiómero. Consequentemente, os químicos foram incitados a encontrar novas técnicas para a obtenção de compostos quirais em forma opticamente pura. Atualmente, existem três técnicas principais:

- Divisão da mistura racémica.
- Síntese assimétrica utilizando um substrato pró-quiral.
- A utilização de um sintetizador quiral.

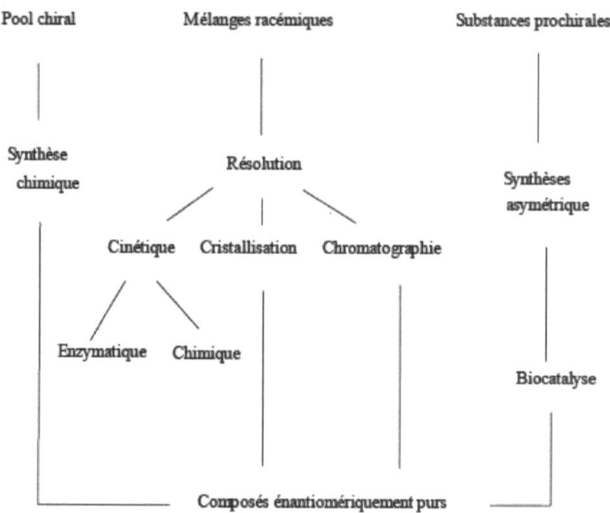

Pool quiral Misturas racémicas Substâncias de substituição
Síntese química
Resolução
Síntese assimétrica
Cinética Cristalização Cromatografia
Química enzimática
Biocatálise
Compostos enantiomericamente puros

Fig.1*:* Principais técnicas de acesso a moléculas enantiopuras

A separação da mistura racémica consiste em separar os dois enantiómeros obtidos sob a forma de uma mistura racémica utilizando um auxiliar quiral. Formam-se dois diastereómeros cujas propriedades são suficientemente diferentes para poderem ser separados por métodos convencionais como a cristalização e a cromatografia. A última variante de resolução consiste na transformação selectiva de um dos dois enantiómeros: trata-se da resolução cinética química ou enzimática.

A síntese assimétrica envolve a introdução de um elemento assimétrico numa espécie pró-quiral utilizando um reagente quiral ou um catalisador quiral.

A utilização de um sintetizador quiral consiste em efetuar uma síntese a partir de produtos opticamente puros (pool quiral), mantendo a quiralidade ao longo de toda a síntese. [7]Os sintetizadores quirais de origem natural incluem os a-aminoácidos opticamente puros, que são também utilizados como materiais de partida para preparar uma vasta gama de produtos naturais com propriedades farmacológicas.

[8]O trabalho de investigação realizado nesta dissertação está ligado a este último método e visa desenvolver uma via de síntese simples e rápida para novos heterociclos azotados e oxigenados conhecidos pelas suas interessantes actividades biológicas.

[99101112]O presente trabalho insere-se no âmbito dos trabalhos em curso no nosso laboratório sobre a síntese de vários heterociclos quirais a partir de a-aminoácidos, tais como: 1,3-oxazolidina-2-onas quirais ; 1,2-benzotiazina-3-onas quirais ; análogos da sacarina ; 1,2,3-benzotiadiazinas e 1,2,4-oxadiazóis .

Este trabalho foi dedicado à síntese de novas 1,2,4-oxadiazin-5-onas quirais a partir de aminoácidos naturais. Está dividido em três partes:

- A primeira parte trata da síntese de uma série de a-bromoácidos opticamente activos por desaminação nitrosa de a-aminoácidos naturais.

$NaNO_2$, HBr / KBr, -13°C

a : R=Me; **b** : R=i-Pr; **c** : R=i-Bu; **d** : R=Sec-Bu; **e** : R=Bn; **f*** : R=i-Bu

- A segunda parte descreve a síntese de a-bromoésteres opticamente activos por esterificação dos a-bromoácidos obtidos anteriormente.

1/ $SOCl_2$, DMF / 2/ MeOH, Et_3N

a : R=Me; **b** : R=i-Pr; **c** : R=i-Bu; **d** : R=Sec-Bu; **e** : R=Bn; **f*** : R=i-Bu

- [13]A terceira parte é dedicada à síntese de novas 1,2,4-oxadiazin-5-onas por condensação dos a-bromoésteres obtidos com (*2S*)-1-benzenossulfonilpirrolidina-2-carboxamidoxima preparada no nosso laboratório a partir da prolina .

NaH, CH_2Cl_2 / T.a

a : R=Me; **b** : R=i-Pr; **c** : R=i-Bu; **d** : R=Sec-Bu; **e** : R=Bn

Síntese de ácidos a'-bromados opticamente activos por desaminação nitrosa de aminoácidos naturais

A. Informações gerais e bibliografia

[16-29]Os a-bromoácidos quirais são amplamente descritos na literatura como intermediários-chave na síntese orgânica e são frequentemente utilizados como materiais de partida na síntese de compostos biologicamente activos. Graças à elevada mobilidade do bromo, os a-bromoácidos são substratos ideais para substituições nucleofílicas. [14]Os a-bromoácidos podem ser facilmente convertidos num grande número de produtos de interesse sintético por substituição nucleofílica com várias aminas, álcoois e produtos de enxofre. [14-15]Em particular, os a-bromoácidos quirais são procurados no domínio da síntese assimétrica e várias equipas tentaram prepará-los numa forma enantiomericamente pura.

Neste capítulo, começamos por dar uma visão geral dos diferentes métodos de síntese dos a-bromoácidos e das suas aplicações. Em seguida, apresentamos o nosso próprio trabalho, que consiste na preparação de a-bromoácidos opticamente activos por desaminação nitrosa de aminoácidos naturais.

I. Benefícios sintéticos dos ácidos bromados

Os a-bromoácidos têm encontrado aplicações em vários domínios da síntese orgânica. Eis alguns exemplos:

I.1 Síntese de *N-metilaminoácidos* a partir de a-bromoácidos

[16]*Os N-metilaminoácidos* são produtos químicos interessantes no domínio farmacêutico. [17]São obtidos simplesmente por um método desenvolvido por Fisher e Michel, que consiste em reagir os a-bromoácidos **6** opticamente activos com um excesso de metilamina a 0°C. Este método permitiu a preparação de N-metilalaninas **7a**, N-metilucinas **7b** e N-metilfenilalaninas **7c** com excelentes rendimentos químicos, de acordo com o seguinte esquema de reação **(Esquema 8)**.

Me

Br CO_2H —— $MeNH_2$, 71% ——> Me–N(H)–CO_2H

6a → **7a**

Br CO_2H —— $MeNH_2$, 31% ——> Me–N(H)–CO_2H

6b → **7b**

Ph

Br CO_2H —— $MeNH_2$, 64% ——> Me–N(H)–CO_2H (Ph)

6c → **7c**

Schéma 8

[18]Este método foi também utilizado para preparar a (D)-Surinamina **10** a partir do a-aminoácido **8** através do a-bromoácido **9**.

OMe / NH_2 / CO_2H (**8**) —— H_2SO_4, $NaNO_2$, KBr ——> OMe / Br / CO_2H (**9**) —— 1) $MeNH_2$, Rdt=57% 2) HI, Rdt=89% ——> OH / NMe / CO_2H (**10**)

Schéma 9

I-2. Síntese de a-bromonitrilos opticamente activos a partir de a-bromoácidos

Nos últimos anos, o nosso laboratório desenvolveu dois métodos para a preparação de **a-bromonitrilas** opticamente activas a partir de a-bromoácidos. As a-bromonitrilas foram preparadas por duas vias diferentes: A primeira envolve a reação de a-bromoácidos **11** com isocianato de clorossulfonilo (CSI) na presença de trimetilamina. O segundo método consiste em tratar primeiro os a-bromoácidos com cloreto de tionilo e amoníaco para obter a-bromoamidas **13**, que são depois desidratadas com cloreto de fosforilo ($POCl_3$) ou com cloreto de tionilo.

(Schéma 10).

Schéma 10

I-3. Síntese de a-hidrazinoácidos e seus derivados a partir de a-bromoácidos

[20]Os a-hidrazinoácidos têm actividades biológicas antivirais e antitumorais. [21]Malin et al, sintetizaram a-hidrazinoácidos **15** a partir de a-bromoácidos **14** por condensação de α-bromoácidos com excesso de hidrazina em etanol a 70°C durante 6-12 horas. Os hidrazinoácidos **15** foram obtidos com rendimentos químicos que variaram entre 58% e 71% **(Esquema 11).**

a: R=Me; b: R=Et; c:R=i-Pr; d: R=Ph

Schéma 11

I-4. Síntese do levetiracetam a partir de a-bromoácidos

[22]O levetiracetam tipo **20** há muito que atrai o interesse dos investigadores devido às suas propriedades antiepilépticas. [23]Francesca et al. descreveram um método simples de obtenção do levetiracetam a partir do ácido (*R*)-α-bromobutanóico **18** opticamente puro. Este último é obtido por resolução de uma mistura racémica de dois enantiómeros do ácido a-bromobutanóico **16** utilizando um auxiliar alcoólico quiral do tipo **17**. A condensação do ácido (*R*)-2-bromobutanóico **18** com a 2-pirolidinona **19** dá origem ao ácido (S)-2-(2-oxopirrolin-1-il)butanóico, que é subsequentemente convertido na desejada (2S)-2-(2-oxopirrolidinona)butamida **20**, como se mostra no seguinte esquema de reação:

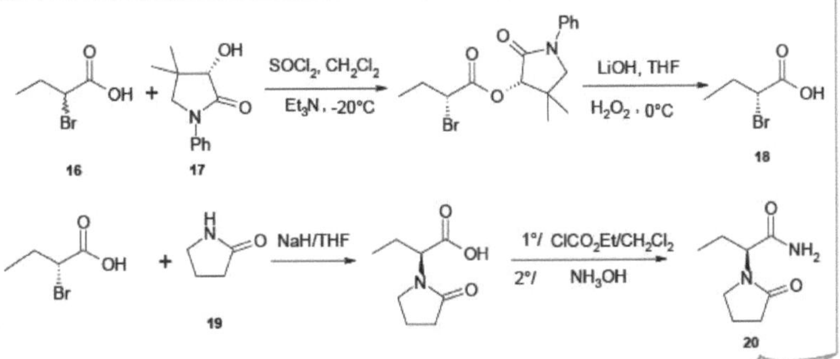

Schéma 12

I-5. Síntese de aminoácidos utilizando um ácido halo

[24]A primeira síntese da glicina foi descrita por Cahours em 1858. [25]A adição de ácido cloroacético **21** a uma solução amoniacal de etanol conduz à formação do aminoácido **22a** e de dois produtos secundários, as correspondentes aminas secundárias **22b** e aminas terciárias **22c** **(esquema 13).**

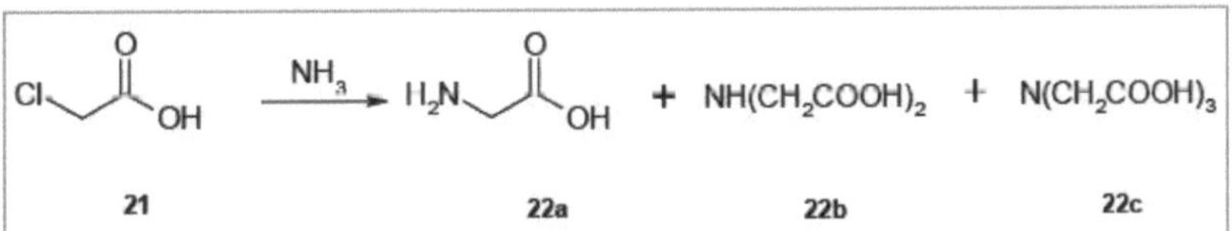

Schéma 13

Para melhorar esta reação, os ensaios mostraram que o a-aminoácido **23** reage preferencialmente com o a-bromoácido durante quatro dias à temperatura ambiente, utilizando uma solução alcoólica de amoníaco.[26]
(Diagrama 14).

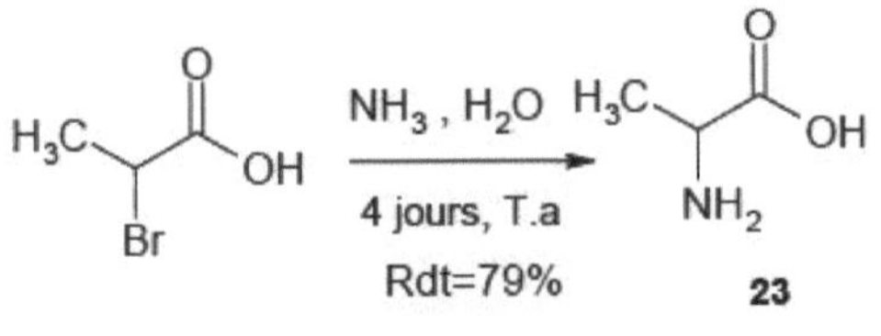

Schéma 14

I-6. Síntese de a-hidroxiácidos a partir de a-bromoácidos

[27,28]Os a-hidroxiácidos são amplamente descritos na literatura como intermediários importantes na síntese assimétrica e como compostos com propriedades biológicas e farmacológicas interessantes. [29]Horst et al, descreveram a síntese de a-hidroxiácidos **28** a partir de a-bromoácidos em quatro etapas. Os a-bromoácidos **24** são primeiro esterificados com 2-metilpropenos **25** num meio ácido para dar os a-bromoésteres **26** correspondentes. O

tratamento destes últimos com p-nitrobenzoato de césio 27 dá origem aos compostos **28**. Os a-hidroxiácidos 29 são obtidos por hidrólise básica do composto 28, seguida de saponificação ácida em diclorometano **(esquema 15)**.

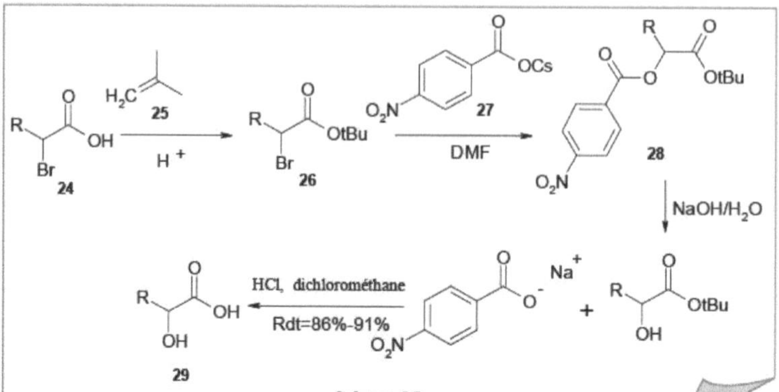

Schéma 15

II. Principais métodos de síntese dos a-bromoácidos

Os métodos de preparação dos a-bromoácidos são muito variados. De seguida, descrevemos os principais métodos citados na literatura.

II-1. Síntese de a-bromoácidos a partir de ácidos carboxílicos

II-1.a. Utilização de reagentes halofosforados

[30]A síntese de a-bromo-ácidos a partir dos ácidos carboxílicos correspondentes utilizando uma reação Hell-Volhard-Zelinsky (H-V-Z) tem sido amplamente descrita. [31]Nos casos mais recentes, a a-bromação dos ácidos é efectuada na presença de um reagente halofosforado trivalente, como o PBr3 e o PCl3, ou de um reagente pentavalente, como o PBr5 e o PCl5 .

[3]De um ponto de vista mecanístico, o PBr permite a formação de brometo ácido 31. A forma enólica 32 do brometo ácido reage então com bromo para dar o brometo ácido a-bromo **33**, que é hidrolisado para dar os ácidos a-bromo 34.

(Schéma 16).

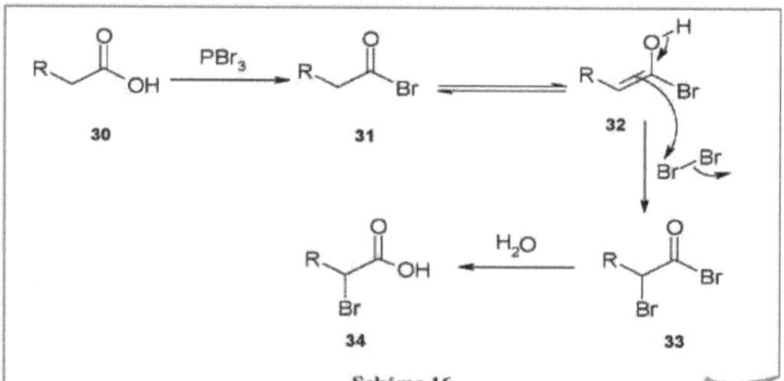

Schéma 16

II-1.b Utilização de N-bromosuccinimidas

[32]Lino et al. desenvolveram um método novo, simples e eficaz para a bromação dos ácidos carboxílicos. Este método consiste em tratar os ácidos carboxílicos 36 com 1,5 equivalentes

de *N-bromosuccinimida* (NBS) em ácido trifluoroacético na presença de uma quantidade catalítica de ácido sulfúrico. Os a-bromoácidos 37 foram obtidos após 16 horas a uma temperatura de 85°C em excelentes rendimentos químicos entre 82% e 89% **(Esquema 17)**.

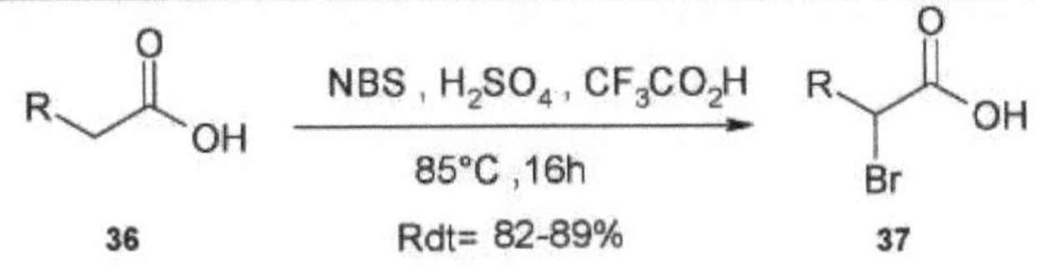

Schéma 17

II-2. Síntese de α-bromoácidos a partir de β-cetoésteres

[33]Philip et al, descreveram a síntese em quatro etapas de α-bromoácidos a partir de β-cetoésteres. A primeira etapa envolve a condensação de um haleto de alquila com o β-cetoéster 38 em um meio básico, levando ao β-cetoéster substituído do tipo **39**. Este intermediário sofre então uma a-bromação de carbonilo para dar o a-bromo-ß-cetoéster correspondente **40**. Este é então convertido diretamente no a-bromoéster do tipo 41 por desacetilação na presença de hidróxido de bário anidro a 0°C. Finalmente, o a-bromoácido 42 é obtido por aquecimento em refluxo em benzeno anidro contendo uma quantidade catalítica de ácido p-toluenossulfónico **(esquema 18)**.

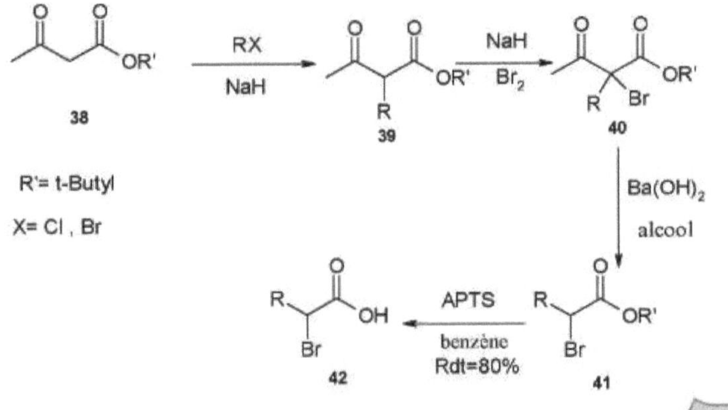

Schéma 18

II-3. Síntese de a-bromoácidos a partir de F-alquil etileno

Os F-alquil-a-bromoácidos 46 foram obtidos a partir de F-alquiletilenos 43 utilizando um procedimento em três etapas descrito pela equipa de Baklouti.[34] Os derivados etilénicos do tipo 43 são produtos comerciais e são bromados por uma reação com acetoximercúrio para dar o acetato bromado 44. A hidrólise deste último em condições de saponificação produz o álcool bromado **45**. Uma reação de oxidação de Jones conduz ao ácido a-bromado do tipo 46 em rendimentos químicos de

supérieurs à 90% **(Schéma 19)**.

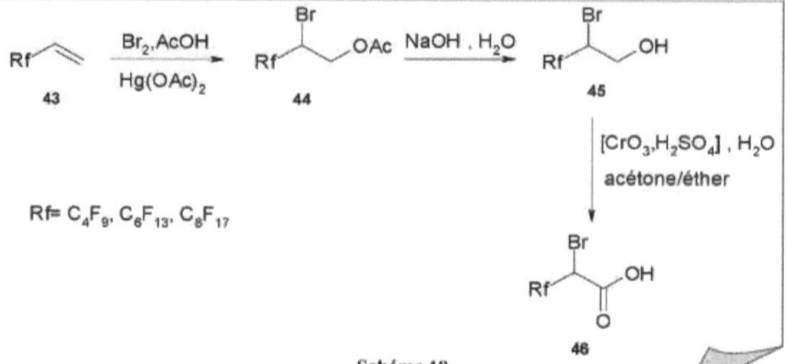

Schéma 19

II-4. Síntese de a-bromo-ácidos a partir de epóxido de gema diciano

[35]Robert et al. descreveram um novo método de síntese, simples e económico, para a obtenção de a-bromoácidos. Este método consiste em refluxar o epóxido de gema diciano do tipo **47** com ácido bromo-hídrico em tertra-hidrofurano THF durante três horas. Os a-bromoácidos do tipo **49** foram obtidos seletivamente após hidrólise com um rendimento químico de 47%. O método proposto é fácil de implementar e os produtos de partida estão facilmente disponíveis **(Esquema 20)**.

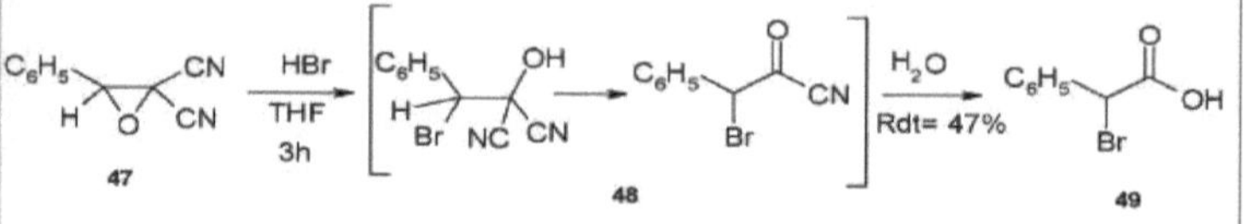

Schéma 20

II-5. Síntese de a-bromoácidos a partir de aminoácidos

[36]Nos últimos anos, a utilização de aminoácidos como materiais de partida para a preparação de moléculas quirais desenvolveu-se bem. [37]Neste contexto, Larcheveque et al, transformaram a (*L*)-serina **50** no correspondente a-bromoácido **51**.

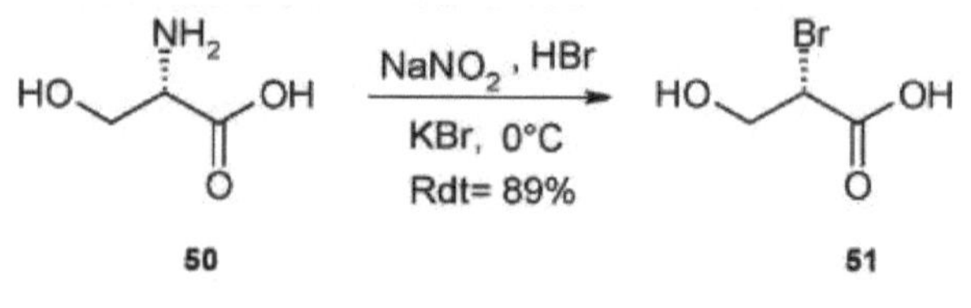

Schéma 21

A. Trabalho pessoal

I. Síntese de a-bromoácidos opticamente activos a partir de aminoácidos naturais e estudo mecanístico

No decurso deste trabalho, preparámos uma série de seis ácidos a-bromados opticamente activos do tipo **53(a-f)** com bons rendimentos químicos por desaminação nitrosa de αaminoácidos naturais a baixas temperaturas. Aplicámos este método aos seguintes seis aminoácidos: (*L*)-alanina **52a**, (*L*)-valina **52b**, (*L*)-leucina **52c**, (*L*)-isoleucina **52d**, (*L*)-fenilalanina **52e** e (*L, D*) leucina **52f**. Utilizámos uma solução saturada de brometo de potássio que nos permitiu trabalhar a -13°C para manter a estereoespecificidade da reação.

a : R=Me; **b** : R=i-Pr; **c** : R=i-Bu; **d** : R=Sec-Bu; **e** : R=Bn; **f*** : R=i-Bu

Schéma 22

A ação do ácido nitroso (HNO_2), gerado *in situ* pela reação do ácido bromídrico com o nitrito de sódio, leva à formação do sal de diazónio correspondente **54**. Obtém-se assim a lactona instável **55**, que se forma após ciclização intramolecular por um mecanismo SN2 que provoca a inversão da configuração do carbono assimétrico (*S R*). A abertura desta a-lactona após substituição nucleofílica SN2 por iões brometo presentes no meio reacional dá origem aos correspondentes bromoácidos **53(a-f)** com uma segunda inversão da configuração do carbono assimétrico (S R).

configuração do carbono assimétrico que regressa à sua configuração inicial (*R S*).

Os rendimentos químicos e os aspectos físicos dos a-bromoácidos preparados são apresentados no quadro seguinte:

Quadro I

Rendimentos químicos e aspectos físicos dos a-bromoácidos 53(a-f) preparados

Aminoácidos	Ácidos a-bromado	R	Rendimento (%)	Aspeto físico
Alanina	**53a**	Eu	70	Óleo incolor
Valina	**53b**	i-Pr	98	Óleo amarelado
leucina	**53c**	i-Bu	90	Óleo amarelado
isoleucina	**53d**	Sec-Bu	91	Óleo incolor
fenilalanina	**53e**	Bn	79	Óleo amarelado
Leucina	**53f**	i-Bu	93	Óleo amarelado

racemate

1. Estudos espectroscópicos de a-bromoácidos

[113]Os a-bromoácidos preparados neste trabalho foram identificados por RMN de H e RMN de C.

1.1-[1]Propriedades espectroscópicas de RMN H

[1]Os espectros de RMN H dos produtos preparados estão de acordo com as estruturas dos

compostos preparados (ver secção experimental). [1]3Assim, a análise do espetro de RMN H do composto **53d** registado em clorofórmio deuterado (CDCl) a 300Hz, permitiu-nos detetar os seguintes sinais:

(2S, 3S)-2-broımo-3-ımetilpentano)l (l ue ácido

- 3fUm tripleto a 0,93 ppm de integração 3H relativo aos protões de metilo (CH) com uma constante de acoplamento (J= 7,2 Hz)
- 3cUm dupleto a 1,05 ppm de integração 3H relativo aos protões de metilo (CH) com uma constante de acoplamento (J= 6,6 Hz).
- eUm multipleto entre 1,26-1,38 ppm de integração 1H relativo ao protão H .
- dUm multipleto entre 1,70-1,79 ppm de integração 1H relativo ao protão H .
- bUm multipleto entre 2-2,09 ppm de integração 1H relativo ao protão H .
- aUm doublet a 4,12 ppm de integração 1H relacionado com o protão H com uma constante de acoplamento (J= 8,1 Hz).
- Um singleto largo integra um protão a 9,80 ppm correspondente ao protão da função ácida.

1. [13]Propriedades espectroscópicas de RMN C

[13]A análise do espetro de RMN de C registado a 75 MHz com dissociação total de protões do mesmo composto **53d** em clorofórmio deuterado revelou os seguintes sinais

- 5Um sinal a 10,10 ppm relativo ao carbono C .
- 6Um sinal a 15,73 ppm relativo ao carbono C .
- 4Um sinal a 25,71 ppm relativo ao carbono C .
- 3Um sinal a 37,60 ppm relativo ao carbono assimétrico C .
- 2Um sinal a 51,95 ppm relativo ao carbono C .
- 1Um sinal a 175,01 ppm relativo ao carbono C do grupo carbonilo (CO).

Capítulo 2

Síntese de ésteres a'-bromados opticamente activos

A. Informações gerais e referências bibliográficas

A revisão da literatura mostrou que os a-bromoésteres são produtos de grande interesse sintético e têm sido estudados por vários grupos de investigação. [3839-49]Em particular, os a-bromoésteres têm sido amplamente utilizados como materiais de partida para muitos compostos heterocíclicos biologicamente activos.

Neste capítulo, descrevemos algumas das aplicações dos a-bromoésteres na síntese de heterociclos, bem como as suas principais rotas sintéticas, e apresentamos o nosso próprio trabalho.

I. Juros sintéticos

Uma vasta gama de produtos de interesse biológico foi preparada a partir de a-bromoésteres. Aqui estão apenas alguns exemplos:

I-1. Síntese de cinamatos de benzilo a partir de a-bromoésteres

[39a39b40]Os benzilcinamatos têm feito grandes progressos nos últimos anos graças às suas diversas actividades biológicas: anti-inflamatória, anticancerígena e antibacteriana. Neste contexto, Smita et al. **desenvolveram** um novo método de síntese do benzilcinamato **58**, utilizando a reação de Wittig. 3O tratamento do a-bromoéster de arilo **56** com o benzaldeído **57** na presença de trifenilfosfina numa solução aquosa de bicarbonato de sódio (NaHCO) conduz à formação do cinamato de benzilo **58** em bons rendimentos químicos **(Esquema 23)**.

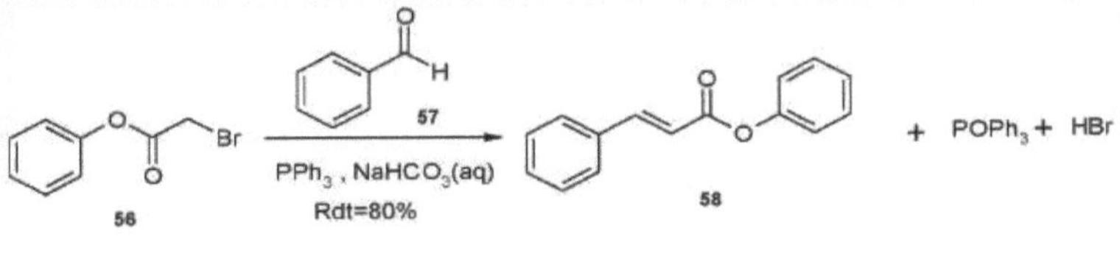

56 + 57 → 58 + $POPh_3$ + HBr (PPh_3, $NaHCO_3$(aq), Rdt=80%)

Schéma 23

I-2. Síntese de imino-tiazolidinonas a partir de a-bromoésteres

[41]O núcleo da tiazolidinona está presente na estrutura de vários produtos farmacêuticos conhecidos, como a Glitazona e a Darbufelona .

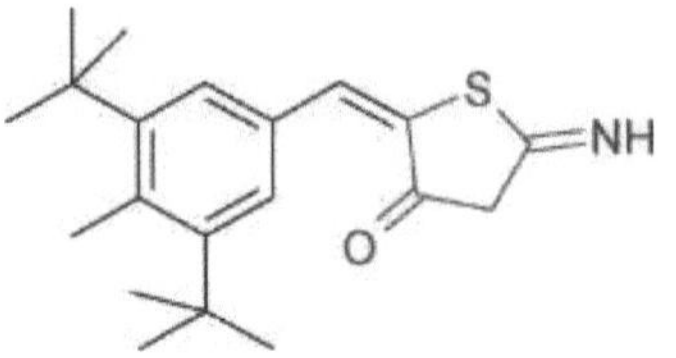

Darbufelone

[42]Danis et al, conseguiram preparar imino-tiazolidinonas **61** por condensação da tioureia **59** com a-bromoacetato de etilo **60** na presença de acetato de sódio (NaOAc) em etanol **(Esquema 24)**.

Schéma 24

I-3. Síntese de 1,2,3-triazóis a partir de a-bromoésteres

Existe uma procura crescente para o desenvolvimento de novos agentes antimicrobianos devido à resistência desenvolvida pelos antibióticos tradicionais. Por esta razão, têm sido feitas várias sínteses de derivados de 1,2,3-triazóis com boa atividade antimicrobiana. [43,44]Mais recentemente, Hansen et al ( ) prepararam derivados 1,2,3-triazólicos dissubstituídos 65 a partir do bromoetanoato de etilo 62. Esta reação envolve a aplicação da reação de cicloadição 1,3-dipolar de uma azida orgânica 63 com alcinos 64.

Schéma 25

I-4. Síntese de quinoxalina-2-onas a partir de a-bromoésteres

[45]Os núcleos de quinoxalina estão presentes na estrutura de muitos compostos naturais e sintéticos com actividades biológicas interessantes como insecticidas, herbicidas, antifúngicos e antibacterianos. O desenvolvimento de métodos de síntese destes compostos tem sido objeto de vários projectos de investigação. [46]King et al, descreveram a síntese da quinoxalina-2-ona 70 por condensação de a-haloésteres 68 com orto-fenilenodiamina 67 seguida de oxidação com peróxido de hidrogénio **(Esquema 26).**

Schéma 26

I-5. Síntese de *N-tosil-1*,2,4-triazin-5-onas a partir de a-bromoésteres

[47]Foi demonstrado que os compostos de triazinona têm várias actividades farmacológicas anticancerígenas e anti-HIV. [48]Recentemente, F. Allouche et al, desenvolveram um método para a síntese de *N-tosil-1*,2,4-triazin-5-onas que consiste na condensação molar a molar de

N-

tosilamidrazonas <u>71</u> com a-bromoésteres <u>72</u> em THF na presença de dois moles de hidreto de sódio. As *N-tosil-1*,2,4-triazin-5-onas <u>73</u> foram obtidas com rendimentos químicos médios entre 55% e 64% **(Esquema 27).**

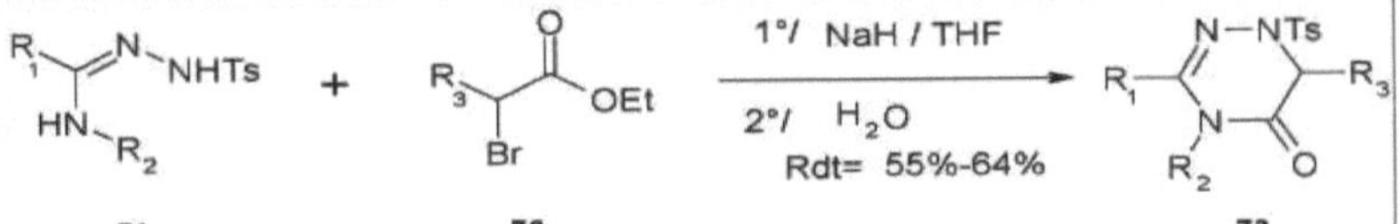

NHTs
HN
OEt
Br
1°/ NaH / THF
2°/ H_2O
Rdt= 55%-64%
N–NTs
O

71 72 73

Schéma 27

I-6 Síntese de imidazotriazol-5-onas a partir de a-bromoésteres

[49]Os trabalhos realizados por F. Allouch et al. conduziram à síntese de novos compostos biheterocíclicos azotados do tipo **76**. O tratamento dos 5-amino-1-fenil-1,2,4- triazóis <u>74</u> com os a-bromoésteres <u>75</u> na presença de dois equivalentes de hidreto de sódio em THF deu origem às imidazotriazol-5-onas <u>76</u>, que apresentam uma atividade antimutagénica.

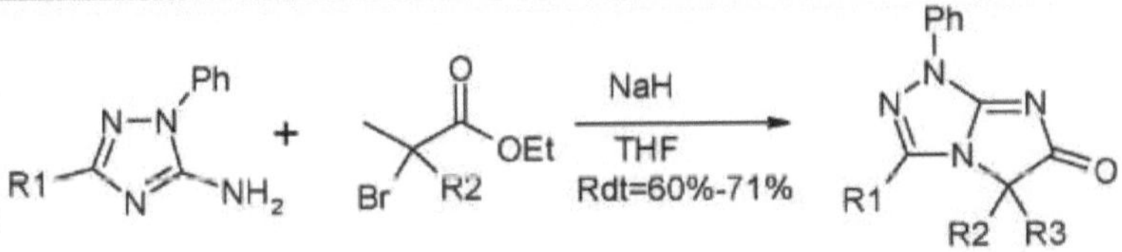

Ph
R1
NH_2
OEt
Br
R2
NaH
THF
Rdt=60%-71%
R3

74 75 76

Schéma 28

O diagrama resumido que se segue demonstra a importância sintética dos a-bromoésteres no acesso a muitos compostos heterocíclicos biologicamente activos.

II. Principais vias de preparação dos a-bromoésteres

A revisão da literatura mostrou que foram desenvolvidos vários métodos para sintetizar a-bromoésteres, alguns dos quais são listados abaixo:

II-1. Síntese de a-bromoésteres por bromação de ésteres

II-1.1. Bromação por N-bromosuccinimida

O 2-bromo-2-fenoxiacetato de metilo **78** foi obtido com um rendimento químico de 87% por bromação do fenoxiacetato de metilo **77** com N-[50]bromosuccinimida em benzeno refluxo .

NBS

C_6H_6 , reflux

Rdt=87%

Schéma 29

II-1.2. Bromação com tetrabromometano

[51] O tratamento do éster **79** com diisopropilamida de lítio (LDA) a -78°C produz o carbânion **80** correspondente, que reage rapidamente com um equivalente de tetrabromometano para formar os a-bromoésteres **81** com bons rendimentos químicos **(Esquema 30).**

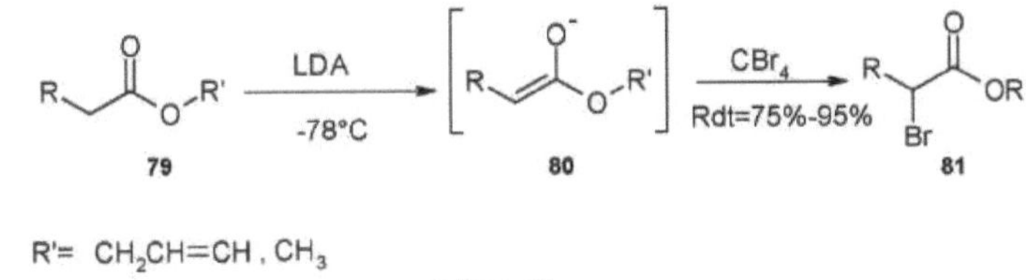

Schéma 30

II.2. . Síntese de a-bromoésteres a partir de sais de arildiazonuim

[5253]Minrou et al, repetiu a reação de Meerwein para preparar α-bromo ésteres **84**. A reação de arilaminas **82** com nitrito de sódio e ácido bromo-hídrico conduz ao sal de arildiazonuim, que reage com acrilato de butilo **83** na presença de uma quantidade catalítica de brometo de cobre para formar o a-bromoéster **84** correspondente **(Esquema 31).**

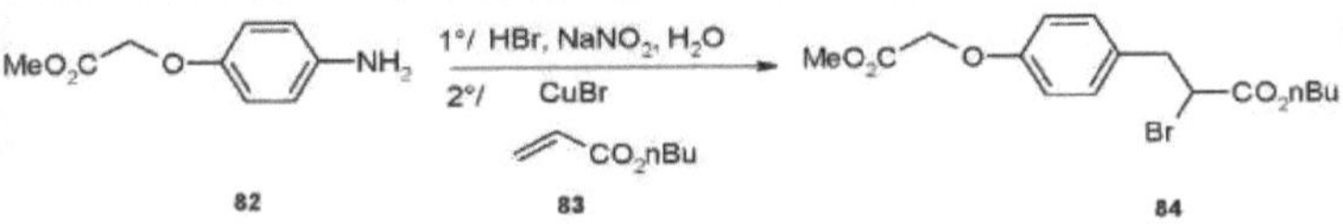

Schéma 31

II-3. Síntese de a-bromoésteres a partir de β-cetoésteres

T. [54]Aoyama et al, descreveram um novo método para a preparação de a-bromoésteres. Este método envolve a reação de β-cetoésteres **85** com dibrometo de cobre e carbonato de sódio (suportado em alumina) sob refluxo de benzeno durante uma hora para dar a-bromoésteres **86**. Esta reação tem a vantagem de ser rápida e eficaz. **(Esquema 32).**

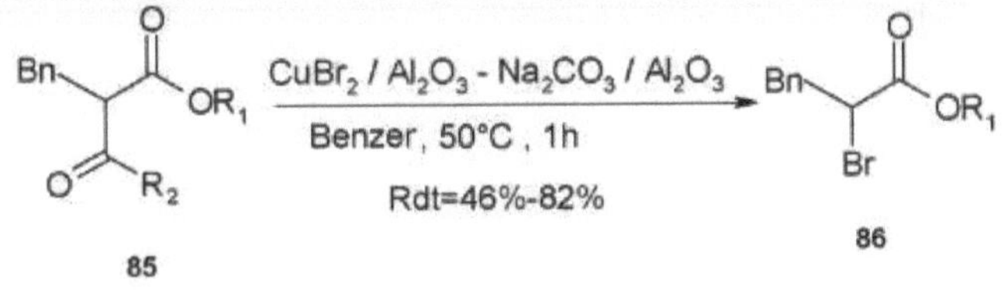

Schéma 32

II-4 Síntese de α-bromoésteres a partir de ácidos carboxílicos

II-4.1. Passagem através de cloreto ácido

[5556]Katrina et al. utilizaram o método de Schwenk e Papa para preparar o a-bromoéster **88**. O tratamento do ácido carboxílico **87** com cloreto de tionilo a uma temperatura de 70°C produz cloreto de ácido, que reage com bromo para formar cloreto de ácido bromado. Este último reage facilmente com etanol para formar o a-bromoéster **88** com um rendimento de 81% **(esquema 33).**

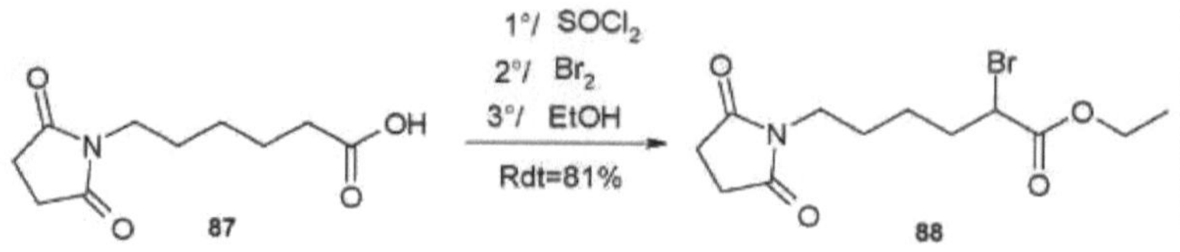

Schéma 33

II-4-2. Passagem através de brometo ácido

[57]Ogata et al. descreveram outra via de síntese que permite obter a-bromo-ésteres **91** com rendimentos químicos entre 78% e 95%. Esta via consiste na reação dos ácidos carboxílicos **89** com dibromo na presença de uma quantidade catalítica de ácido clorossulfónico para obter o ácido bromado **90**, que é refluxado em metanol durante duas horas para obter o a-bromoéster **91** **(esquema 34)**.

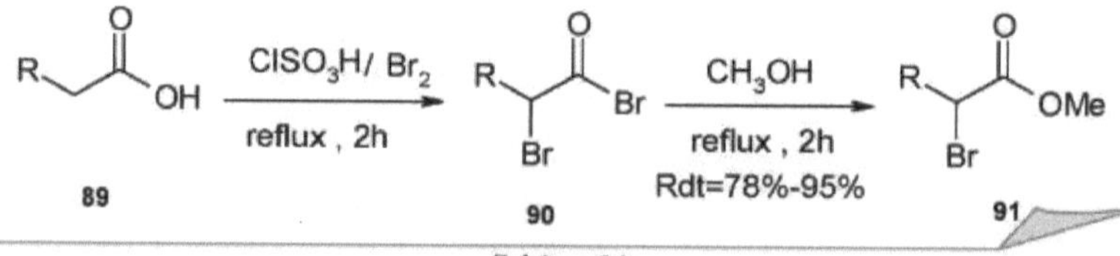

Schéma 34

B. Trabalho pessoal

I. Síntese de α-bromoésteres opticamente activos e estudo mecanístico

O método mais amplamente descrito na literatura para a conversão de ácidos carboxílicos nos ésteres correspondentes é através do cloreto de ácido. Neste trabalho, adoptámos este método para preparar uma série de seis a-bromoésteres opticamente activos a partir dos correspondentes α-bromoácidos preparados no primeiro capítulo.

O tratamento dos α-bromo-ácidos **53(a-f)** com cloreto de tionilo, utilizado como reagente e solvente, permitiu obter os cloretos de ácido correspondentes após 4 horas de aquecimento a 50°. Estes foram então convertidos nos correspondentes ésteres **93(a-f)** por tratamento com metanol a 0°C na presença de um equivalente de trietilamina. Este método produz os a-bromoésteres **53(a-f)** com bons rendimentos químicos e ópticos. A sequência da reação está resumida no diagrama seguinte:

a : R=Me; **b** : R=i-Pr; **c** : R=i-Bu; **d** : R=Sec-Bu; **e** : R=Bn; **f*** : R=i-Bu

Schéma 35

O mecanismo desta reação é o seguinte:

Os rendimentos químicos e os aspectos físicos dos produtos preparados são apresentados no quadro seguinte:

Quadro II

**Rendimentos químicos e aspectos físicos dos a-bromoésteres preparados 93(a-f)*

93R	Rendimento (%)	Aspeto	
93a	Eu	78	Óleo incolor
93b	i-Pr	85	Óleo amarelado
93c	i-Bu	83	Óleo amarelado
93d	Sec-Bu	90	Óleo incolor
93e	Bn	76	Óleo amarelado
93f*	i-Bu	80	Óleo amarelado

11. Propriedades espectroscópicas dos a-bromoésteres preparados

[113]Os a-bromoésteres foram identificados por espetroscopia de RMN de H e C.

II-1. [1]Propriedades espectroscópicas de RMN H

[1]A espetroscopia de RMN de H confirmou as estruturas dos a-bromoésteres preparados (ver secção experimental). A título de exemplo, vejamos o caso do (*S*)-2-bromo-4-metilpentanoato de metilo **93c** :

* preparado a partir de (*D*, *L*) Leucina.

(2S)-2-bromo-4-metilpentanoato de metilo

^{1}O espetro de RMN H do composto **93c (Figura 5)**, registado a 300 MHz em clorofórmio deuterado, apresenta os seguintes sinais:

- $_{3f}$Um doublet a 0,89 ppm de integração 3H relacionado com os protões de metilo (CH) (*J*= 6,6MHz).
- $_{3g}$Um doublet a 0,93 ppm de integração 3H relacionado com os protões de metilo (CH) (*J*= 6,6MHz).
- Um multipleto entre 1,73-1,80 ppm de integração 1H relacionado com o protão He.
- $_{cd}$Um multipleto entre 1,88-1,93 ppm de integração 2H relativo aos protões H e H .
- $_{3}$Um singlete a 3,77 ppm de integração 3H relativo aos protões do grupo metoxi (OCH).
- $_{b}$Um tripleto a 4,28 ppm integrando um protão relativo ao protão H .
- **^{13}I.2 Propriedades espectroscópicas de RMN C**

^{13}O espetro de RMN de dissociação total de protões C do mesmo composto **93c (Figura 6)**, registado em clorofórmio deuterado a 75 MHz, confirma a estrutura com base nos seguintes sinais:

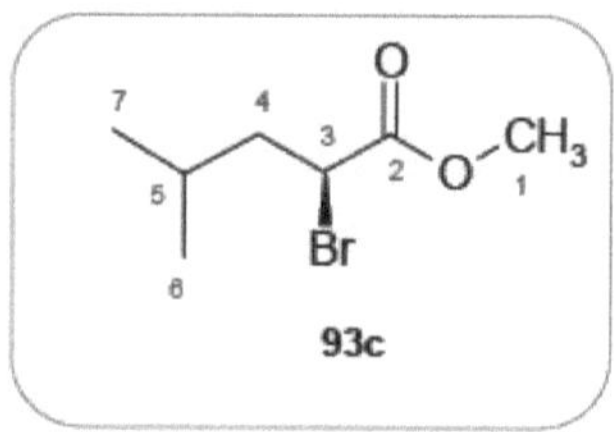

- $_{7}$Um sinal a 21,03 ppm relativo ao carbono C .
- $_{6}$Um sinal a 21,82 ppm relativo ao carbono C .
- A Sinal de carbono a 25,83 ppm $_{5}$C .
- A Sinal de carbono a 43,03 ppm $_{4}$C .
- A Sinal de carbono a 43,82 ppm $_{3}$C .
- A Sinal de carbono a 52,37 ppm $_{1}$C .
- $_{2}$Um sinal a 170,06 ppm relativo ao carbono C .

Capítulo 3

Síntese de novas 1,2,4-oxadiazinas-5-onas quirais

A. Informações gerais e bibliografia

Os heterociclos azotados estão presentes numa série de compostos naturais que desempenham um papel importante no metabolismo celular. [5859]As oxadiazinonas são uma das várias classes destes compostos conhecidas pelas suas actividades biológicas e podem ser encontradas como estimulantes do sistema nervoso central , inibidores da oxidaseB [6058-61](MAO-B) e antibacteriana .

[62]Por outro lado, os derivados da oxadiazinona são excelentes intermediários utilizados na síntese orgânica simétrica e assimétrica. [63]Estes heterociclos de seis membros apresentam diversas variedades em função das posições relativas do átomo de oxigénio e dos dois átomos de azoto. [63646465]São exemplos: 1,2,4-oxadiazina-3-onas **94**; 1,2,4-oxadiazina-5-onas **95**; 1,2,4-oxadiazina-6-onas **96** e 1,3,4-oxadiazina-2-onas **97**. O interesse despertado por esta classe de compostos em vários domínios levou-nos a orientar os nossos trabalhos para a síntese de novas 1,2,4-oxadiazin-5-onas quirais.

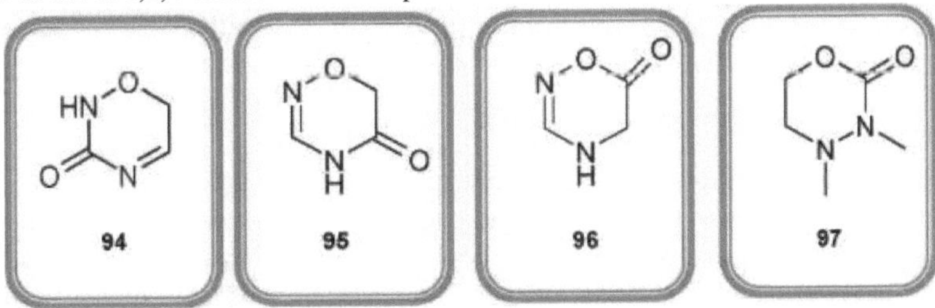

Em seguida, apresentamos alguns exemplos significativos de aplicações de oxadiazinonas e os seus métodos de preparação. De seguida, apresentamos o nosso método, que consiste na condensação dos a-bromoésteres previamente preparados com (2 5)-1-benzensulfonilpirrolidina-2-carboxime derivada da prolina.

I. Benefícios sintéticos das oxadiazinonas

As oxadiazinonas opticamente activas são amplamente utilizadas em várias áreas da síntese orgânica. Alguns exemplos são dados a seguir:

I-1. Reação de aldolização diastereoselectiva

[6667]As 1,3,4-oxadiazinas-2-onas **98** foram utilizadas com sucesso como auxiliares quirais em reacções de aldolização diastereoselectivas, de acordo com o método descrito por Hitchcock et al, **(Esquema 36)**.

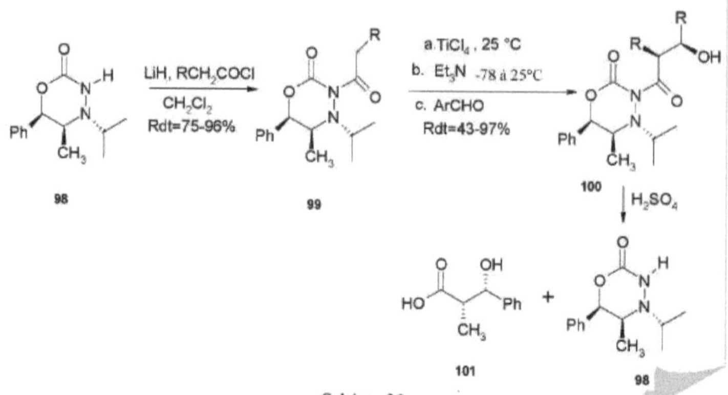

Schéma 36

Esta aldolização diastereoselectiva é efectuada em três fases. As 3,4,5,6-tetrahidro-1,3,4-oxadiazina-2-onas do tipo **98** são aciladas com cloreto de propionilo em meio básico para dar *N-3-propionil-3*,4,5,6-tetrahidro-1,3,4-oxadiazina-2-ona **99**, que é tratada com tetracloreto de titânio para dar enolato de clorotitânio. Este último reage com trimetilamina e um aldeído aromático para formar o intermediário do tipo **100** com uma configuração maioritária (*2S ,3S*), que é subsequentemente hidrolisado em meio ácido para regenerar a 3,4,5,6-tetrahidro-1,3,4-oxadiazina-2-ona **98** de partida, bem como o ácido 3-hidroxi-2-metil-3-fenilpropiónico **101** com bons excessos diastereoisoméricos.

I-2. Cicloadição 1,3-dipolar assimétrica de 1,3,4-oxadiazina-2-onas

[68]Husson et al. utilizaram 1,3,4-oxadiazina-2-onas como sintetizadores para reacções de cicloadição 1,3-dipolar assimétricas. A condensação de 1,3,4-oxadiazin-2-onas **102** com dimetilacetalbenzaldeído na presença de ácido paratolueno sulfonílico APTS conduz ao intermediário azometina imina do tipo **103**. Este último reage diretamente com o dietilacetilenodicarboxilato para formar o composto **104** como um único diastereoisómero com 35% de rendimento **(Esquema 37)**.

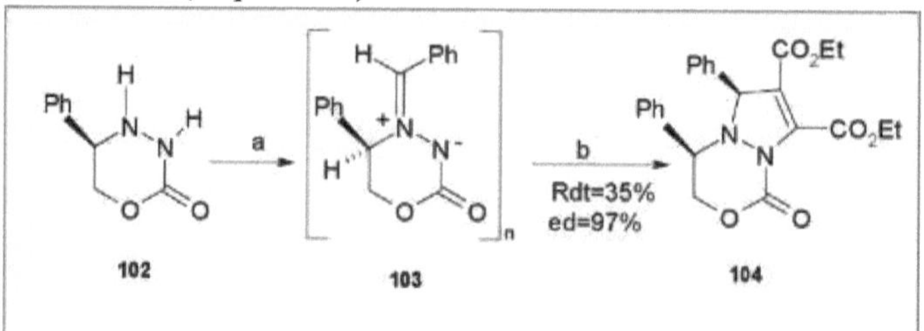

Schéma 37

222***Reagentes e condições***: **a)** PhCH(OMe) , APTS, tolueno, 70°C; **b)** EtO C-CH=CH-CO Et.

I-3. Preparação de novas hidrazinolactamas bicíclicas

[69]Husson et al, mostraram que a condensação de 1,3,4-oxadiazin-2-onas do tipo **105** com cloreto de bromobutilo na presença de carbonato de potássio conduziu à formação de novas hidrazinolactamas bicíclicas do tipo **106** com um rendimento químico de 81% **(Esquema 38)**.

Schéma 38

II. Principais vias de preparação das oxadiazinonas

A presença do anel oxadiazinona no esqueleto de muitas moléculas com atividade biológica confirmada em vários domínios incentivou os investigadores a desenvolverem novos métodos de síntese deste tipo de compostos.

II-1. Síntese de oxadiazinonas a partir da efidrina

J. [66]R. Burgeson et al. descreveram a preparação de 1,2,3-oxadiazin-2-onas do tipo **110** por tratamento da efidrina **107** com acetona seguida de borohidreto de sódio para formar o intermediário **108** com um rendimento de 72%. A reação deste último com

O nitrito de sódio e o ácido clorídrico dão o composto **109**. Este composto é reduzido pela ação do hidreto de lítio e depois ciclizado na presença de dietilcarbonato e de hidreto de lítio para dar as oxadiazinonas **110.**

(Diagrama 39).

Schéma 39

II-2. Síntese da 1,3,4-oxadiazina-5-ona por condensação do cloreto de 2,2-dicloroacetilo com benzohidrazidas.

[70]Westphalt et al, obtiveram a 6-cloro-2,4-difenil-1,3,4-oxadiazina-5-ona **113** por reação do cloreto de 2,2-dicloroacetilo **111** com fenilbenzohidrazidas **112** em acetona anidra na presença de carbonato de potássio **(Esquema 40).**

Schéma 40

II-3. Síntese de 1,3,4-oxadiazinas-5-onas substituídas

S. Y. [58]Ke et al, há vários anos que se interessam pela preparação de 1,3,4-oxadiazinas-5-onas e pelo estudo das suas actividades biológicas. O tratamento dos vários benzoatos **114** com hidrato de hidrazina em etanol conduz à formação de hidrazidas **115**. A condensação destas últimas com acrilonitrilo ou acrilato de n-butilo em etanol a 60°C dá origem a intermediários **116** que sofrem ciclização com cloreto de cloroacetilo em presença de carbonato de potássio para dar 1,3,4-oxadiazina-5-onas do tipo **117**.

Schéma 41

[24,22]*Reagentes e condições*: **a)** EtOH, H SO ; **b)** 5 equiv NH NH . H O_2, refluxo durante 8 h; **e)** EtOH, acrilonitrilo ou acrilato de n-butilo, a 60°C durante 30 a 48 h; **f)** 1,2 equiv $ClCH_2COCl$, $CHCl_3$, refluxo durante 1 h; **g)** 5 equiv K_2CO_3, EtOH, refluxo durante 0,5 a 2 h.

II-4. Síntese das 2,5-diaril-1,3,4-oxadiazina-6-onas

[71]Tîntas et al, conseguiram preparar novas oxadiazinonas do tipo **121**. A condensação do ácido fenilglioxílico **118** com as aroil-hidrazinas **119** conduz à aroil-hidrazona **120**. Esta sofre esterificação na presença de DCC, seguida de ciclização intramolecular para dar as oxadiazinonas desejadas **(Esquema 42)**.

a) X=m-Br; **b)** X=m-Cl; **c)** X=m-OMe; **d)** X=p-tBu.

Schéma 42

II-5. Síntese de 1,2,4-oxadiazin-6-onas por condensação de óxidos de nitrilo aromáticos com a-aminoésteres

[63] A primeira síntese de 1,2,4-oxadiazin-6-onas foi efectuada por Hussein et al, em 1984. Este método consiste na condensação de óxidos de nitrilo aromáticos **122** com a-aminoésteres **123**, conduzindo a intermediários **124** que ciclam para dar 1,2,4-oxadiazin-6-onas **125** em rendimentos entre 12% e 73% **(Esquema 43)**.

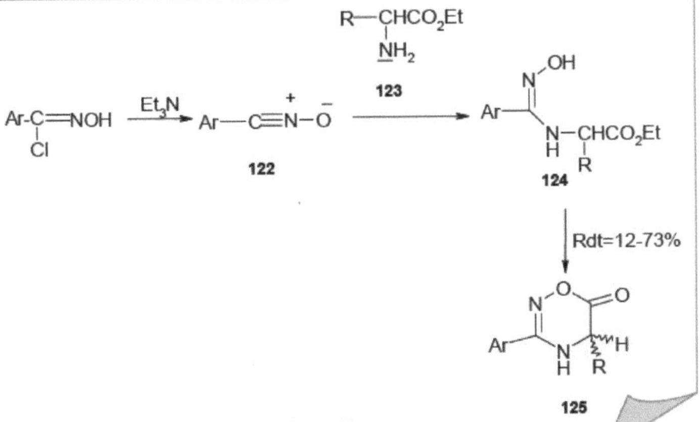

Schéma 43

II-6. Síntese da 1,2,4-oxadiazina-6-ona a partir de oxadiazóis

[72]Um novo método de preparação das 1,2,4-oxadiazin-6-onas foi desenvolvido por Piccionello et al, . A ação da hidroxilamina sobre o oxadiazol5 126 na presença de uma base forte dá origem a intermediários 127 que se rearranjam para dar 1,2,4-oxadiazin-6-onas **128** como se mostra no diagrama seguinte.

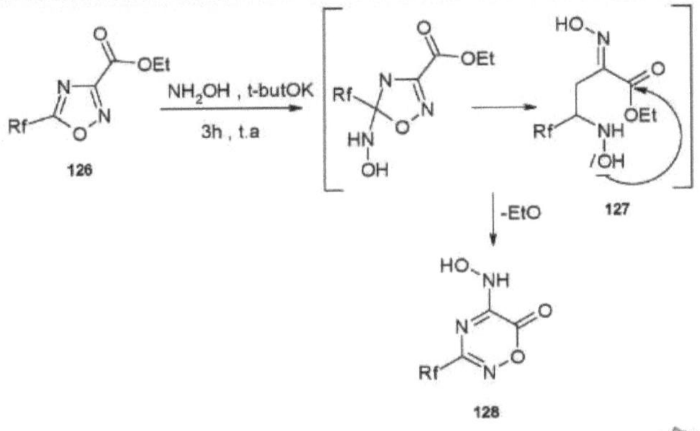

Schéma 44

B. Trabalho pessoal

I. Síntese de 1,2,4-oxodiazin-5-onas e estudo mecanístico

[73]As amidoximas são compostos muito utilizados na síntese de heterocíclicos.
têm dois centros nucleofílicos capazes de reagir com reagentes bi-electrofílicos.
No decurso deste trabalho, preparámos uma nova série de 1,2,4-
B. * * * * [13]oxodiazina-5-onas por condensação de 1-benzenossulfonilpirrolidina-2-carboxamidoximas 129 preparadas a partir de prolina com α-bromoésteres **93(a-f)** na presença de dois equivalentes de hidreto de sódio **(Esquema 46)**. Todas as 1,2,4-oxodiazin-5-onas são obtidas como uma mistura de dois diastereoisómeros.

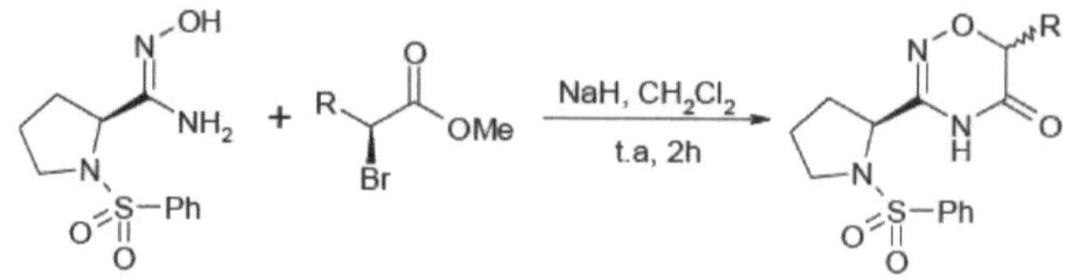

129 + 93(a-e) → NaH, CH_2Cl_2, t.a, 2h → 130(a-e)

a : R=Me ; b : R= i-Pr ; c : R= i-Bu ; d : R= Sec-Bu ; e : R= Bn.

Schéma 46

Mecanismo de reação

O α-bromo éster tem dois centros electrofílicos vizinhos, ligeiramente diferentes do ponto de vista electrofílico, que reagem por dois mecanismos possíveis com a amidoxima **129** para dar as 3-(1-fenilsulfonil-2-pirrolidil)-1,2,4-(4H)-oxadiazina-5-onas **130(a-e)** quirais

O primeiro mecanismo envolve o ataque nucleofílico do dupleto de oxigénio livre da 1-benzenossulfonilpirrolidina-2-carboxamidoxima **129** ao carbono terciário que contém bromo para formar o intermediário **131**. Este último sofre ciclização intramolecular na presença de hidreto de sódio, na sequência do ataque nucleofílico do dupleto de azoto livre ao carbonilo da função éster e da saída do grupo metoxi **(esquema 47)**.

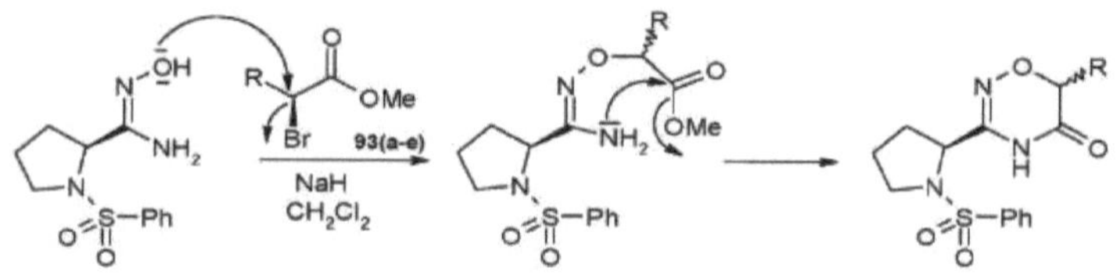

129 → 93(a-e), NaH, CH_2Cl_2 → 131(a-e) → 130(a-e)

Schéma 47

O segundo mecanismo inicia-se com um ataque nucleofílico do dupleto de oxigénio da 1-benzenossulfonilpirrolidina-2-carboxamidoxima **129** ao carbonilo da função éster e a saída do grupo metoxi, com a consequente formação do intermediário **132**. Este último sofre um rearranjo por ataque do dupleto de azoto livre ao carbono carbonílico e, em seguida, a formação do produto intermédio **133**. Nesta fase, o produto desejado **130** é obtido por ataque nucleofílico do oxigénio ao carbono portador de bromo e a saída do ião brometo (Br) **(esquema 48)**.

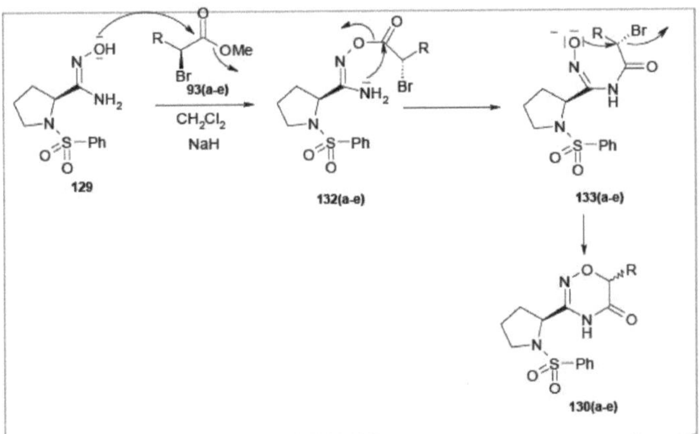

Schéma 48

Os rendimentos químicos do 3-(1-fenilsulfonil-2-pirrolidil)-1,2,4-(4H)-
As **130(a-e)** oxadiazinas-5-onas 6-substituídas obtidas são apresentadas no quadro seguinte:

Quadro III

Rendimentos químicos e aspectos físicos

3-(1-fenilsulfonil-2-pirrolidil)-1,2,4-(4H)-oxadiazina-5-onas **130(a-e)** 6-substituídas

130	R	Rendimentos (%)	Aspeto
130a	Eu	78	Branco sólido
130b	i-Pr	80	Branco sólido
130c	i-Bu	83	Branco sólido
130d	Sec-Bu	89	Branco sólido
130[e]	Bn	75	Branco sólido

Solvente de recristalização (clorofórmio-éter de petróleo).

II. Estudos espectroscópicos

[113]As 3-(1-fenilsulfonil-2-pirrolidil)-1,2,4-(4H)-oxadiazina-5-onas **130(a-e)** foram identificadas por espetroscopia de RMN de H e C.

1. [1]Propriedades espectroscópicas de RMN H

[1]Os espectros de RMN de H confirmaram as estruturas das 1,2,4-oxadiazin-5-onas **130(a-e)** preparadas (ver secção experimental). Como exemplo, vejamos o caso do composto **130b**, que foi isolado sob a forma de uma mistura de dois diastereoisómeros, como demonstrado pela duplicação de certos sinais.

130b

(2'S, 5R) e (2'S, 5S) 6-isopropil-3-(1'-benzenossulfonilpirrolidina-2'-il)-4,6-di-hidro-1,2,4-oxadiazina-5-ona: 130b

$^{1}_{3}$O espetro de RMN H do composto **130b** registado a 300Hz no CDCl mostra os seguintes sinais:

- Um multipleto de integração 6H entre 1,06 e 1,14 ppm correspondente aos protões de metilo $(CH_3)_k$ e $(CH_3)_j$,
- Um multipleto de integração 2H entre 1,64 e 1,71 ppm correspondente aos protões H_e e H_d.
- $_i$Um multipleto de integração 1H a 1,95 ppm correspondente ao protão H .
- Um multipleto de integração 2H entre 2,30 e 2,39 ppm correspondente aos protões Hf e Hg.
- $_{cb}$Um multipleto de integração 1H a 3,26 ppm correspondente ao protão H ou H.
- $_{bc}$Um multipleto de integração 1H a 3,59 ppm correspondente ao protão H ou H.
- um doublet de integração 1H a 3,95 ppm correspondente ao protão H_h.
- $_a$Um doublet dividido de integração 1H a 4,28 ppm correspondente ao protão H *(J=7,5* Hz; *J=3*,6 Hz).
- $_{nn}$Um tripleto de integração 2H a 7,60 ppm correspondente aos protões H e H ', (*J*=7,8 Hz).
- $_p$Um doublet de integração 1H a 7,69 ppm correspondente ao protão H, (*J*=7,5 Hz).
- $_{mm}$Um doublet de integração 1H a 7,89 ppm correspondente aos protões H e H ', (*J=8*,7Hz).
- Uma banda larga de integração 1H a 8,83 ppm correspondente ao NH

2. ^{13}Propriedades espectroscópicas de RMN C

^{13}A análise do espetro de RMN de C do mesmo composto, registado a 75 MHz em CDCl3 com dissociação total de protões, revelou os seguintes sinais:

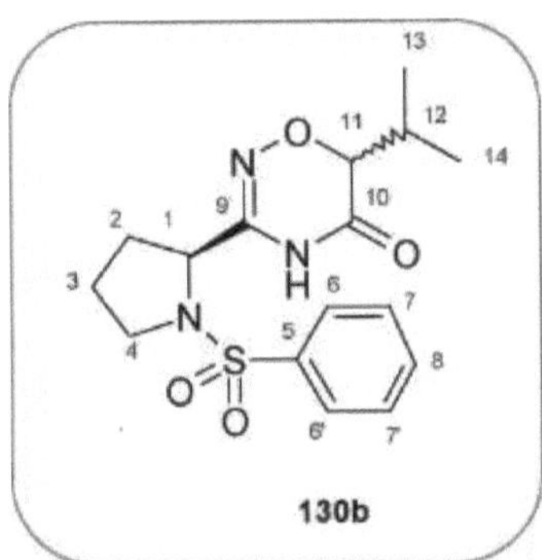

130b

- $_{13}$Um sinal a 16,72 ppm correspondente ao carbono C .
- $_{14}$Um sinal a 18,25 ppm correspondente ao carbono C .
- Um sinal a 23,96$_{3}$ppmcorrespondente ao carbono C .
- Um sinal a 26,96$_{12}$ppmcorrespondente ao carbono C .
- Um sinal a 28,95$_{4}$ppmcorrespondente ao carbono C .
- Um sinal a 49,25$_{2}$ppmcorrespondente ao carbono C .
- $_{1}$Um sinal a 58,11ppm correspondente ao carbono C .
- $_{11}$Um sinal a 80,36 ppm correspondente ao carbono C .
- Sinais a 127,01; 127,33; 128,83; 129,03; 133,20; 135,04 ppm correspondentes, respetivamente, aos carbonos aromáticos $C_{6,6'}$; $C7_{,7'}$; C8; C_{5}.
- $_{9}$Um sinal a 150,18 ppm correspondente ao carbono C .
- $_{10}$Um sinal a 165,81 ppm correspondente ao carbono C .

Referências

[1] **(a)** Ager, D. J.; Mole, S. J. *Tetrahedron Lett*, **1988**, 29, 4807-4810.
(b) Gros, C.; Bonni, G. *L'actualité Chimique*, **1995**, 3, 9-15.
[2] Jackson, B. G.; Gardner, I. P.; Heath, P. C. *Tetrahedron Lett*, **1990**, 31, 6317-6320.
[3] Clayden, J.; Greeves, N.; Warren, S.; Wothers, P. "*General reviews on asymmetric synthesis*", **2002**, 45, 1219.
[4] Kagan, H.: "*Asymmetric catalysis*", *Pour la science*, Paris, **1992**, 172, 42.
[5] Haeseler, G.; Tetzlaff, D.; Dengler Bufler, J.; R.; Münte, S.; Hecker, H.; Leuwer, M. *Anesth. Analg*, **2003**, 96, 1019.
[6] **(a)** Ghanem, A.; Aboul-Enein, H. *Chirality*, **2005**, 17, 1-15.
(b) Ebbers, E. J.; Ariaans, G. J. A.; Houbiers, J. P. M.; Bruggink, A.; Zwanenburg, B. *Tetrahedron*, **1997**, 53, 9417-9476.
[7]**(a)** Stork, G.; Nakahara, Y.; Greenlee, W. J. *J. Am. Chem. Soc.* **1978**, 100, 7775-7777.
(b) Overhand, M.; Hecht, S. M. *J. Org Chem*, **1994**, 194, 59, 4721-4722.
[8] Swinbourne, J. F.; Hunt, H. J.; Klinkert, G. *Adv. Heterocycl. Chem*, **1979**, 23, 103-170.
[9]Aliyenne, A. O.; Kharia, J. E.; Kraïm, J.; Kacem,Y.; Ben Hassine, B. *Tetrahedron Lett,* **2008**, 49,1473-1475.
[10]Aliyenne, A, O; Kharia, J.E; Kraïm, J.; Kacem, Y.; Ben Hassine, B. *Tetrahedron Lett*, **2006**, 47, 6405-6408.
[11] Kacem, Y.; Ben Hassine, B. *Tetrahedron Lett*, **2013**, 54, 4023-4025.
[12]Tka, N.; Ben Hassine, B.; *Synth. Commun*, **2010**,40, 3168-3176.
[13]Tka, N.; Ben Hassine, B. *Synthetic Commun.* **2012**, 42, 828-835.
[14] Park, Y. S. *Tetrahedron: Asymmetry*, 2009, 20, 2421-2427.
[15] Boschi, F.; Camps, P.; Franchini, M. C.; Torrero, D. M.; Ricci , A.; Sánchez, L. *Tetrahedron: Asymmetry*, **2005**, 16, 3739-3745
[16] Fairlie, D. P.; Abbenante, G.; March, D. R. *Curr. Med. Chem*, **1995,** 2, 654-686.
[17] Fischer, E.; Mechel, L. V. *Chem. Ber.* **1916**, 49, 1355-1366.
[18] Izumiya, N.; Nagamatsu, A. *Bull. Chem. Soc.* **1952**, 25, 265-267.
[19] Tka, N.; Kraiem, J.; Ben hassine, H. *Synth.Commun.* **2013**, 43, 735-743.
[20] **(a)** Camri, A. ; Pollak, G. *J.Org. Chem*, **1960**, 25,44-46.
(b) Oguz, U. ; Mchlaughlin,M. ;Garett, G.G. *Tetrahedron Lett*, **2002**, 43, 2873-2875.
[21] Malin, S.A.; Laskin, B.M.; Malin, A.S. *Russ. J. Appl Chem, **2007**,* 80, 2165-2168.
[22] Parous, J. ; Mealy, N. *J. Drugs future*, ***1994***, 19.111.
[23] Bouschi, F ; Camps, P. ; Franchini , M.C.; Torrero, D.; Ricci, A.; Sanchez, L. *Tetrahedron: Asymmetry*, ***2005***, 16, 3739-3745.
[24] Cahours, A. *Ann*, ***1859***, 109,10-34.
[25] Heintz, W. *Ann*, ***1862***, 122, 257-294.
[26] Tobie, W., Ayres, B. G., *J. Am. Chem. Soc.* ***1937***, 59, 947-950.
[27] ***(a)*** Corey, E. J.; Link .J. O., *Tetrahedron Lett.* ***1992***, 33, 3431-3434.
(b) Seebach, D. ; Naef.R. ; Calderari, G. *Tetrahedron*, ***1984***, 40,. 1313-1314.
[28] Dilber, S. P.; Dobric, S. L.; Juranic, Z. D.; Markovic, B. D.; Vladimirov, S. M.; Juranic, I.
O. *Molecules*, ***2008***, 13, 603-615.
[29] Kunz, H.; Larchen, H. G. *Tetrahedron Lett*, ***1987***, 28, 1873-1876.
[30] ***(a)*** Inferno. C. *Eur. J. Inorg Chem*, ***1881***, 14, 891-893.

(b) Volhard, J., *Eur. J. Inorg. Chem*, ***1887***, 242, 141-163.
(c) Zelinesky, N. *Ber. Dtsh. Chem. Ges.* ***1887***, 20, 2026-2026.
[31] Watson, H. B. *Chem. Rev*, ***1930***, 7,173-201.
[32] Zhang, L. H.; Duan, J.; Xu, Y.; Dolbier, W. R. *Tetrahedron Lett*. ***1988***, 39, 9621-9622.
[33] ***(a)*** Stotter, P. L.; Hill, K. A., *Tetrahedron Lett*, ***1972***, 40, 4067-4070.
[34] Amanetoullah, A.O.; Chaabouni, M. M.; Baklouti, A., J. Fluorine Chem, 1997, 84, 149153.
[35] Robert, A.; Jagulin, Guinamant, S. *Tetrahedron*, ***1986***, 42, 2275-2281.
[36] Coppola, G. M. ; Schuster, H. F. Asymmetric synthesis: "Construction of chiral molecules using amino acids", Weily ; New York, ***1987***.
[37] larchveque, M.; Petit, Y. *Bull. Soc. Chim. Fr*, ***1989***, 1, 130-139.
[38] Tadashi, A.; Toshio, T., Mutsio, K. *Tetrahedron Lett*, ***2004***, 45, 1873-1876.
[39] Mahajan, R. P; Patil, U.K.; Patil, S. L. *India J.Chem*. ***2007***, 46, 1459-1465.
[40] Smita, R. W.; Harsh, K. G. *J. Chem. Pharm. Res*, ***2012***, 4, 2415-2421.
[41] Yoshioka, T.; Fujita, T.; Kanai, T.; Aizawa, Y.; Kurmumada, T.; Hasegawa, K.; Horikoshi, H. *J. Med. Chem*. ***1989***, 32, 421-428.
[42] Denis, R. St. L. ; Qi, G. ; Dedong, W. ; Michael, H. S.W. *Tetrahedron Lett*. **2004**,45, 19071910
[43] Molteni, G.; Buttero, P. D. Tetrahedron, **2005**, 61, 4983-987
[44] Oldo, K.; Hoydahl, E. A.; Hansen, T.V. *Tetrahedron Lett*, **2007**,48, 2097-2099
[45] Khan, S.A., Saleem, K., Khan, Z.: *Eur. J. Med. Chem*, **2008**, 43, 2257-2261.
[46] King, F. ; Clark-Lewis,J.; *J. Chem. Soc.* **1951**, 3379, 1953.
[47] Seada, M.; Fawzy, M.; El-Bez,I ; Abdel -Rahman, R. M. *Boll. Chim. Farm*, **1994**, 133, 381-388.
[48] Allouche, F.; Chabchoub, F.; Dahaoui, S.; Ben Hassine, B.; Salem, M. *Phys. Chem, News,* **2002**, 8,124-130.
[49] Allouche, F.; Chabchoub, F; Ben Hassine, B.; Salem, M. Heterocyclic Commun, **2011**, 10, 63-66.
[50] Schultz, A. G.; Napier, J. J.; Ravichandran, R, *J. Org Chem*, **1983**, *48*, 3408-3412.
[51] Richard , T. A. ; Srdanka ,T. K. *J. Org Chem*, **1978**, 43, 19-23.
[52] Minoru ,O., ; Kunio ,W. ;Hidehito, H. ; Asako ,T.; Tomoko, K.; Sachiko, S.; Jun, O.; Nobufusa, S. ; Toshihiko, F. ; Hiroyoshi, H.; Takashi, F. *J. Med. Chem.* **2000**, *43,* 3052-3066.
[53] Hans, M., Eberhard, B. ; Konrad ,V. E. *J. für Praktische Chemie*, **1939**,152, 237-266.
[54] Aoyama,T.; Takido,T.; Kodomari, M. *Tetrahedron Lett*, **2004**, 45, 1873-1876.
[55] Brychtova, K,; Slaba, B.; Placek, L.; Jampilek, J.; Raich, I.; Csollei, J. *Molecules* , **2009**, 14, 3019-3029.
[56] Schwenk, E.; Papa, D. *J. Am. Chem. Soc.* **1948**, *70*, 3626-3627.
[57] Ogata,Y.; Sugimoto,T. *J. Org. Chem*. ***1978***. 43, 19-23.
[58] (a) Berkovitz, P.T.; Long, R. A.; Dea, P.; Robins, R. K.; Matthews, T. R. *J. Med. Chem*, **1977**, 20,134-138.
(b) Ke, S. Y.; Qian, X. H.; Liu, F. Y. ; Wang, N , Yang,Q. ; Li, Z. *Eur. J. Med. Chem*, **2009**, 44, 2113-2121.
(c) Tka, N. ; Jegham, N. ; Ben Hassine. B.; H. C. R. *Chimie*, **2010**, 13, 1278-1283.
[59] Trepanier, D. L.; Eble, J. N.; Harris, G. H. *J. Med. Chem*. **1968**, 11, 357-360.
[60] Wouters, J.; Ooms, F.; Jegham, S.; Koenig, J. S.; George, P.; Durant, F. *Eur. J. Med. Chem*, **1997**, 32, 721-730.

[61] Arikan, N.; Sumengen, D.; B. Dulger, B. *Turk, J. Chem*, **2008**, 32, 147-155.
[62] Piccionello, A. P.; Pace, A.; Buscemi, S.; Vivona, N.; Giorgi, G. *Tetrahedron. Lett*. **2009**, 50, 1472-1474.
[63] Hussein, A. Q.; El-Abdelah, M. M.; Sabri, W. S. *J. Heterocylic, Chem*, **1984**, 21, 455.
[64] Berkowitz,P. T; Long, R. A.; Dea, P.; Robins, R. K.; Matthews, T. R. *J. Med Chem*, **1977**, 20 ,134-138.
[65] **(a)** Trepanier, D. L.; Eble, J. M.; Harris, G. H. *J. Med. Chem*, **1968**, 11, 357-360.
(b) Rodrigues,S. ; Olivato,P.R. ; Roberto Rittner,R. *Synthesis*, **2005**, 15, 2578-2582.
[66] **(a)** Vaughn, J. F.; Hitchcock, S. R. *Tetrahedron: Asymmetry*, **2004**, 15, 3449-3455.
(b) Burgeson, J. R.; Dore, D. D.; Standard, J. M.; Hitchcock, S. R., *Tetrahedron*, **2005**, 61, 10965-10974.
[67] Hitchcock, S. R.; Nora, G. P.; Casper, D. M.; Squire, M. D.; Maroules, C. D.; Ferrence, G. M.; Szczepura, L. F.; Standard, J. M., *Tetrahedron*, **2001**, 17, 9789-9798.
[68] Roussi, F.; Bonina, M.; Chiaroni, A.; Micouin, Riche, C.; Husson, H.P., *Tetrahedron Lett*, **1999**, 40, 3727-3730.
[69] Roussi, F.; Bonina, M.; Chiaroni, A.; Micouin, Riche, C.; Husson, H. P. *Tetrahedron Lett*. **1998**, 39, 8081-8084.
[70] Westphalt,G. ; Müller,T. *Advanced Synthesis & Catalysis*, **1978**, 320, 452-456.
[71] Ţînţaş, M. L; Diac, A. P; Soran, A; Terec, A.; Grosu, I.; Bogdan, E. *J. Mol. Struct*. **2014**, 1058,106-113.
[72] Piccionello,A.P.; Pace, A.; Buscemi, S.; Vivona, N.; Giorgi, G. *Tetrahedron. Lett*. **2009**, 50, 1472-1474.
[73] **(a)** Young, J. R.; DeVita, R. J. *Tetrahedron Lett*, **1998**, 39, 3931-3934.
I.) Chiou, S.; Shine, H. J. *J. Heteocyclic*, **1989**, 26, 125-128.

Parte experimental

II. Métodos gerais

I-1 Purificação de solventes e reagentes

Os solventes anidros são preparados por destilação numa atmosfera de árgon, na presença de agentes secantes.

O diclorometano é destilado sobre cloreto de cálcio ($CaCl_2$) e depois sobre hidreto de cálcio (CaH_2).

O metanol é destilado sobre magnésio na presença de uma quantidade catalítica de iodo.

O cloreto de tionilo ($SOCl_2$) é destilado sob árgon imediatamente antes da utilização.

I-2. Reacções

As reacções, em meio anidro, foram efectuadas em atmosfera de árgon e em material de vidro seco em estufa imediatamente antes da utilização. As soluções orgânicas foram concentradas sob pressão reduzida num evaporador rotativo.

I-3 Preparação do promotor

O revelador de permanganato de potássio é preparado dissolvendo 3g de KMn04 e 20g de K2CO3 em 300mL de água destilada na presença de 5 mL de uma solução aquosa de hidróxido de sódio a 5% e 2 mL de ácido acético glacial.

I-4 Cromatografia

*Cromatografia de camada fina

A cromatografia em camada fina (CCF) analítica foi efectuada em placas de sílica prontas a utilizar (gel de sílica com indicador fluorescente Fluka Art 254 nm) e revelada com uma lâmpada UV (254 nm).

"Cromatografia em coluna

Os produtos foram purificados por cromatografia em coluna utilizando gel de sílica como fase estacionária.

I-5 Métodos analíticos e equipamento

* Ressonância magnética nuclear (RMN)

[113]Os espectros de Ressonância Magnética Nuclear foram realizados em solução em clorofórmio deuterado ($CDCl_3$) utilizando um BRUKER AC-300 (300MHz) para H NMR e (75 MHz) para C NMR .

A referência interna utilizada é o tetrametilsilano (TMS). Os desvios químicos δ (ppm) são positivos em direção aos campos baixos, em comparação com o TMS, e as constantes de acoplamento registadas são expressas em Hertz (Hz). Para descrever a multiplicidade dos sinais, foram utilizadas as seguintes abreviaturas **(Tabelas IV):**

Abreviatura	Multiplicidade
S	Singulet
Sl	Singlet grande
D	Dobradiça
T	Tripleto
Q	Quadrigémeos
M	Múltiplos
Dd	Calção duplo dividido

III. Modos de funcionamento

II-1 Preparação de α-bromoácidos opticamente activos a partir de aminoácidos

Caso do ácido (2S, 3S)-2-bromo-3-metilpentanóico: ***53d***

Num balão de 100 mL, 11g (84 mmol) de (*L*)-isoleucina e 35g de KBr (294 mmol, 3,5 equivalentes) são dissolvidos em 20,7 mL de uma solução de ácido bromídrico 2M. A esta solução, que foi agitada magneticamente e arrefecida a -13°C (e na qual foi mantida uma bolha de árgon), foram adicionados 6,37g (92,35 mmoles) de nitrito de sódio em pó em pequenas porções. A solução torna-se castanha com cada adição. Só se adiciona uma segunda porção de sal quando a solução tiver descolorado e já não houver libertação de azoto. Nestas condições, a adição demora cerca de 3 horas. A agitação a uma temperatura entre -15 e -10 é então mantida durante mais 2 horas, seguidas de 3 horas à temperatura ambiente até que o azoto tenha sido libertado. Em seguida, são adicionados 3 x 50 mL de clorofórmio à solução. As fases orgânicas foram combinadas, secas sobre MgSO4, filtradas e concentradas sob pressão reduzida. O resíduo obtido foi purificado por cromatografia numa coluna de sílica (eluente: ciclo-hexano/acetato de etilo, 70:30). O composto **53d** foi obtido com um rendimento de 91%.

53d

Fórmula bruta: $C_6H_{11}O_2Br$.
M (g /mol): 195.
Revelador: lâmpada UV.
Rdt=91%.
Aspeto: Óleo incolor.
^{1}NMR H: (CDCl3, δ ppm); 0,93 (t, 3Hf, *J*= 7,2 Hz); 1,05 (d, 3Hc, *J*=6,6 Hz); 1,26-1,38 (m,1He); 1,70-1,79 (m, 1Hd); 2,00-2,09 (m, 1Hb); 4,12 (d, 1Ha, *J*=8,1Hz); 9,89 (sl, 1Hg).
$^{13}{}_2$RMN C (75MHz, CDCl3): δ 10,10 (C5); 16,37 (Ce); 25,71 (C4); 37,60 (C3); 51,95 (C); 175,06 (CO).

Ácido (2S)-2-bromopropanóico: ***53a***

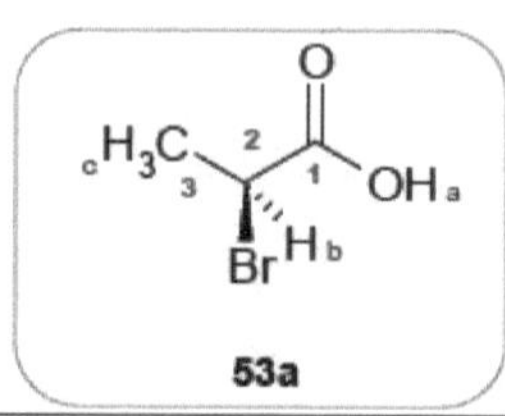

53a

Fórmula bruta: $C_3H_5O_2Br$.
M (g /mol): 153.
Revelador: lâmpada UV.
Rdt=70%.
Aspeto: Óleo incolor.
^{1}NMR H (CDCl3, δ ppm):1,83 (d, 3Hc, *J*= 6,9 Hz); 3,81 (q, 1Hb, *J*= 6,9 Hz); 9,44 (sl, 1H).

$^{13}{}_{2}$NMR C (75MHz, CDCl3): δ 21, 47 (C3); 39, 52 (C); 175, 71 (CO).

Ácido (2S)-2-bromo-3-metilbutanóico: 53 6

53b

Fórmula bruta: $C_5H_9O_2Br$.

M (g /mol): 181.

Revelador: lâmpada UV.

Rdt=98%.

Aspeto: Óleo amarelado

^{1}**NMR H** ($CDCl_3$, δ ppm); 1,08 (d, 3He, J = 6,9Hz); 1,12 (d, 3Hd, J = 6,6Hz); 2,13-2,29 (m, 1Hc); 4,08 (d, 1Hb, J=8,1Hz); 8,69 (sl, 1Ha).

^{13}**RMN C** (75MHz, $CDCl_3$): δ 18,22 (C4); 19,54 (C5); 31,46 (C3); 52,04 (C2); 174,65 (CO).

Ácido (2S)-2-bromo-4-metilpentanóico: ***53c***

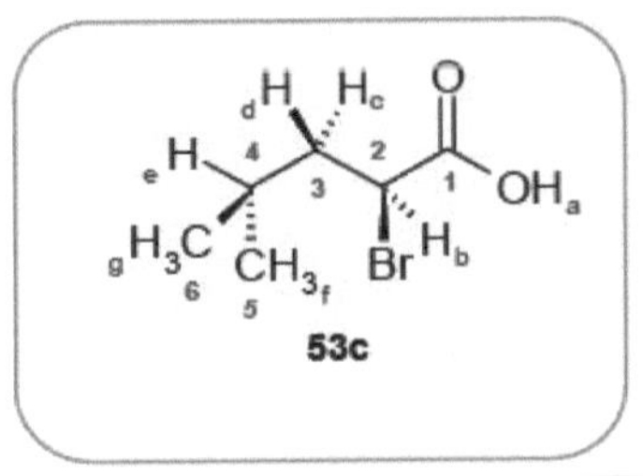

53c

Fórmula bruta: $C_6H_{11}O_2Br$.

M (g /mol): 195.

Revelador: lâmpada UV.

Rdt=90%.

Aspeto: Óleo amarelado.

Fórmula bruta: $C_6H_{11}O_2Br$.

M (g /mol): 195.

^{1}**NMR H** ($CDCl_3$, δ ppm); 0,92 (d, 3Hf, J= 6,3Hz); 0,98 (d, 3Hg, J= 6,3Hz); 1,76-1,87 (m, 2Hc,d); 1,94 (m, 1He); 4,29 (t, 1Hb); 10,04 (sl, 1Ha).

^{13}**RMN C** (75MHz,$CDCl_3$): δ 21,59 (C5); 22,37 (C6); 26,34 (C4); 43,21 (C3); 44,08 (C2);176,31 (CO).

Ácido (2S)-2-bromo-3-fenilpropanóico: ***53e***

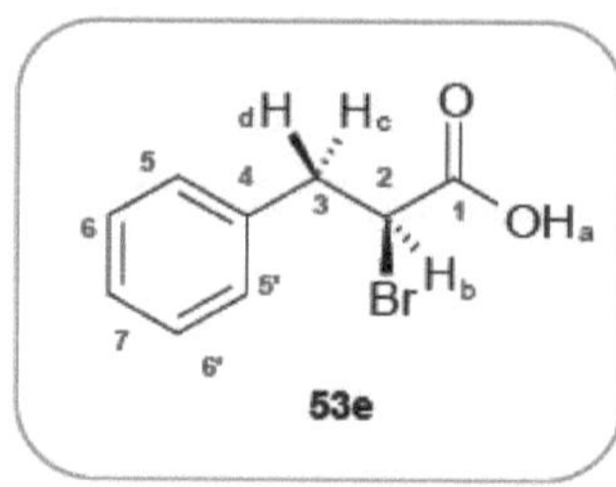

Fórmula bruta: C9H9O2Br.
M (g /mol): 229
Revelador: lâmpada UV.
Rdt = 79%.
Aspeto: Óleo amarelado.
$^{1}_{drom}$**NMR H** (CDCl3, δ ppm); 3,34 (d, 1H); 3,39 (d, 1H); 4,25 (t, 1H); 7,23-7,42 (m, 5Ha); 10,24 (sl, 1Ha).
$^{13}_{2}$**RMN C** (75MHz, CDCl3) δ: 33,58 (C3); 60,09 (C); 126,62-143,68 (C4, C5, C6, C7) e 177,98 (CO).
Ácidos (2S)-2-bromo-4-metilpentanóicos: 53f

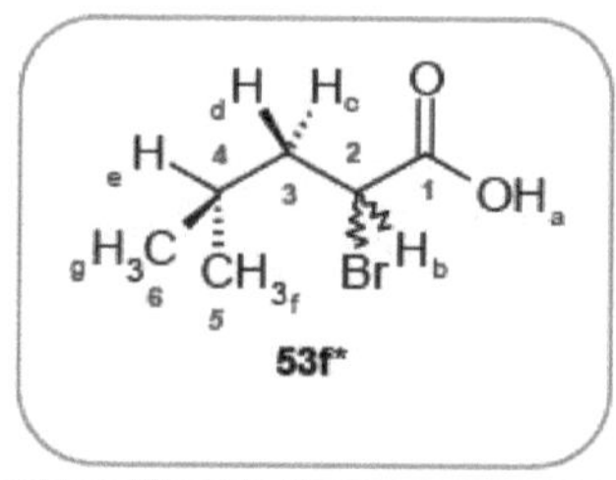

6112**Fórmula bruta**: C H O Br.
M (g /mol): 195.
Revelador: lâmpada UV.
Rdt=93%.
Aspeto: Óleo amarelado.
^{1}**NMR H** (CDCl3, δ ppm); 0,92 (d, 3Hf, *J*= 6,3Hz); 0,98 (d, 3Hg, *J*= 6,3Hz); 1,76-1,87 (m, 2Hc,d); 1,94 (m, 1He); 4,29 (t, 1Hb); 10,04 (s, 1Ha).
^{13}**RMN C** (75MHz, CDCl3): δ 21,59 (C6); 22,37 (C5); 26,34 (C4); 43,21 (C3); 44,08 (C2); 176,31 (CO).

II-2 Síntese de α-bromoésteres opticamente activos a partir de a-bromoácidos

Caso do 2-bromo-4-metilpentanoato de metilo: 93f

O ácido 2-bromo-4-metilpentanóico (16 mmol) foi dissolvido em cloreto de tionilo recentemente destilado (19 mmol, 1,2 equivalentes) num balão de 100 mL equipado com um recipiente de refluxo, seguido da adição de três gotas de DMF anidro. A mistura foi refluxada durante a noite sob uma atmosfera de árgon. O excesso de cloreto de tionilo foi evaporado. Em seguida, adicionou-se metanol anidro em excesso a baixa temperatura (0°C) e dois equivalentes de trietilamina. A mistura reacional foi agitada durante a noite e depois concentrada no vácuo. O produto da reação em bruto foi purificado por cromatografia em coluna [sílica / (AcOEt / ciclohexano (30: 70)]. O composto 93f* foi obtido com um rendimento de 80%.

Fórmula bruta: $C_7H_{13}O_2Br$.
M (g /mol): 209.
Revelador: lâmpada UV.
Rdt=80%.
Aspeto: Óleo amarelado.
^{1}NMR H ($CDCl_3$, δ ppm); 0,896 (d, $3H_f$, J= 6,3Hz); 0,93 (d, $3H_g$, J= 6,3Hz); 1,73-1,80 (m, $2H_{c,d}$); 1,88-1,93 (m, $1H_e$); 4,28 (t, $1H_b$); 3,77 (s, $3H_a$).
$^{13}{}_7$RMN C (75MHz, $CDCl_3$): δ 21,03 (C); 21,82(C_6); 25,83(C_5); 43,01 (C_4); 43,82 (C_3); 52,37 (C_1); 170,06 (CO).

Caso do (2S)-2-bromo-3-metilbutanoato de metilo: ***936***

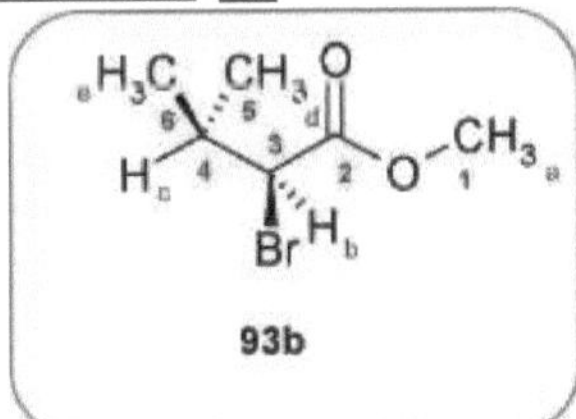
93b

Fórmula bruta: $C_6H_{11}O_2Br$.
M (g /mol): 195.
Revelador: lâmpada UV.
Rdt= 85%.
Aspeto: Óleo amarelado.
^{1}NMR H ($CDCl_3$, δ ppm); 1,03 (d, $3H_d$, J = 6Hz); 1,11 (d, $3H_e$, J = 6,3Hz); 2,16-2,28 (m, $1H_c$); 3,79 (s, $3H_a$); 4,06 (d, $1H_b$, J=7,8Hz).
^{13}RMN C (75MHz, $CDCl_3$): δ 19,36 (C_5); 19,50 (C_e); 31,85 (C_3); 52,24 (C_1); 169,47 (CO).

Caso do (2S,3S)-2-bromo-3-metilpentanoato de metilo: ***93d***

93d

Fórmula bruta: $C_7H_{13}O_2Br$.

M (g /mol): 209.
Revelador: lâmpada UV.
Rdt= 90%.
Aspeto: Óleo incolor.
^{1}**NMR H**: (CDCl3, δ ppm); 0,90 (t, 3Hf, J= 7,5 Hz); 0,97 (d, 3Hc, J= 6,9 Hz); 1,24-1,33 (m, 1He), 1,69-1,76 (m, 1Hd); 1,99-2,05 (m, 1Hb); 4,08 (d, 1Ha, J=8,4Hz); 3,76 (s, 3Hg).
$^{13}{}_{74}$**RMN C** (75MHz, CDCl3): δ 10,07 (C6); 15,68 (C); 25,78(C5); 37,83(C); 52,21 (C3); 53,28 (C1); 169,48 (CO).

<u>*Caso do (2S)-2-bromo-4-metilpentanoato de metilo:* ***93c***</u>

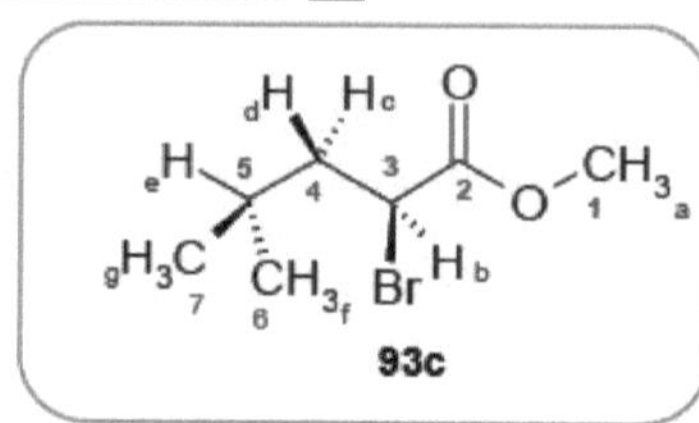

M (g /mol): 209.
Revelador: lâmpada UV.
Rdt= 83%.
Aspeto: Óleo amarelado.
^{1}**NMR H** (CDCl3, δ ppm); 0,896 (d, 3Hf, *J*= 6,3Hz); 0,93 (d, 3Hg, *J*= 6,3Hz); 1,73-1,80 (m, 2Hc,d); 1,88-1,93 (m, 1He); 3,77 (s, 3Ha); 4,28 (t, 1Hb).
^{13}**RMN C** (75MHz, CDCl3): δ 21,03 (C6); 21,82 (C7); 25,83 (C5); 43,01 (C4); 43,82 (C3); 52,37 (C2); 170,06 (CO).

<u>*Caso do (2S)-2-bromo-3-fenilpropanoato de metilo:* ***93e***</u>

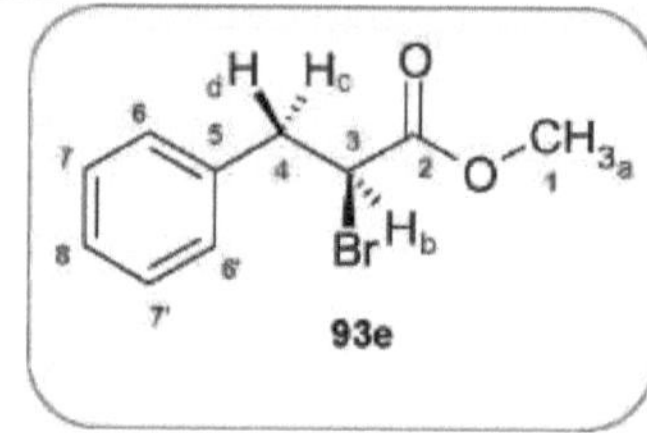

Fórmula bruta: C10H10O2Br.
M (g /mol): 242.
Revelador: lâmpada UV.
Rdt = 76%.
Aspeto: Óleo amarelado.
^{1}**NMR H** (CDCl3, δ ppm); 3,31 (d, 1H); 3,46 (d, 1Hd); 3,74 (s, 3Ha); 4,45 (t, 1H); 7,23-7,42 (m,5H).
$^{13}{}_{8}$**RMN C** (75MHz, CDCl3) δ: 40,60 (C4) ; 44,63 (C3) ; 52,39 (C1) ; 126,87(C); 128,19 (C6,6') ; 128,42 (C7,7') ; 136,25 (C5) ; 169,16 (CO).

<u>*Caso do (2S)-2-bromopropanoato de metilo:* ***93a***</u>

Fórmula bruta: $C_4H_7O_2Br$.

M (g /mol): 167.

Revelador: lâmpada UV.

Rdt= 78%.

Aspeto: Óleo incolor.

^{1}**NMR H** ($CDCl_3$, δ ppm):1,83 (d, 3Hc, J= 6,9 Hz); 3,81 (q, 1Hb J= 6,9 Hz); 3,83 (s, 3Ha).

^{13}**RMN C** (75MHz, $CDCl_3$): δ 21, 47 (C3); 39, 52 (C3); 50,38 (C1); 170,22 (CO).

II-3 Preparação de 6-alquil-3-(1'-benzenossulfonilpirrolidina-2'-il)-4,6-di-hidro-1,2,4-oxadiazin-5-ones

Caso da (2S, 6R) e (2S, 6S) 6-metil-3-(1'-benzenossulfonilpirrolidina-2'-yl)- 4,6-di-hidro-1,2,4-oxadiazina-5-ona: ***130a***

Dissolver 0,13 g (7,8 mmoles) de (*2S*)-2-bromopropanoato de metilo e um equivalente de (*2S*)-1-bzenossulfonilpirrolidina-2-carboxamidoxima em diclorometano anidro num balão de 25 mL sob atmosfera de árgon à temperatura ambiente. Foram então adicionados dois equivalentes de NaH. O meio de reação foi agitado à temperatura ambiente durante duas horas. A reação foi monitorizada por TLC. O solvente foi então evaporado. A mistura reacional em bruto foi extraída três vezes com diclorometano. A fase orgânica foi lavada com uma solução saturada de NaCl e seca sobre $MgSO_4$. Após evaporação do solvente, o resíduo foi purificado por cromatografia em coluna de sílica utilizando o sistema ciclo-hexano/acetato de etilo (50:50), sendo depois recristalizado em [clorofórmio/éter de petróleo] para dar uma mistura de dois diastereoisómeros do composto **130a**.

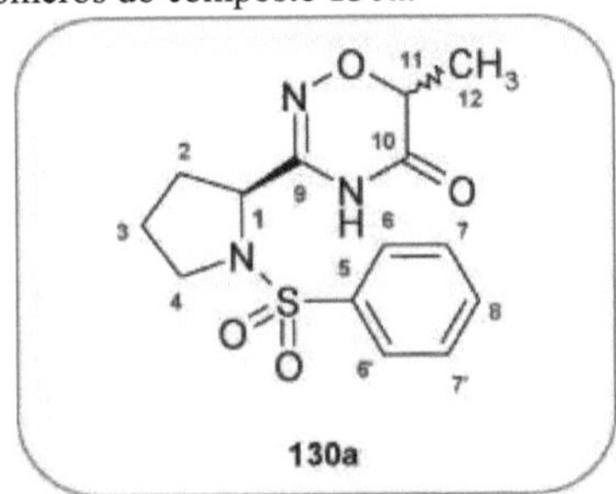

Fórmula bruta: $C_{14}H_{17}O_4SN_3$.

M (g /mol): 307.

Revelador: lâmpada UV.

Rdt = 78%.

Aspeto: Sólido branco.

Solvente de cristalização: clorofórmio / éter de petróleo.

^{1}**NMR H** (300MHz , CDCl3): nδ 1,53(d, 3H , *J* = 6,9Hz); 1,67 (m, 2H3,3'); 2,06 (m, IH4); 2,52 (m, 1H4'); 3,25 (m, 1H2); 3,61 (m, 1H2');4,25 (m, 2H11,1); 7,61 (t, 2H7,7'); 7,68 (d, 1H8); 7,86 (d, 2H6,6'), 8,84 NH.

[13]**RMN C** (75MHz, CDCl3), δ12.37 (C12); 24.45 (C3); 26.91 (C4); 49.81 (C2); 58.58 (Ci); 72.78 (C11); 127.87 (C6,6'); 129.57 (C7,7'); 133.77 (C8); 135.27(C5); 151.36 (C9); 166.91(C10).

Caso de (2S, 6R) e (2S, 6S) 6-isopropii-3-(1'-benzenesuifonyipyrroiidin-2'-yl)-4,6-dihydro1,2,4-oxadiazin-5-um: ***1306***

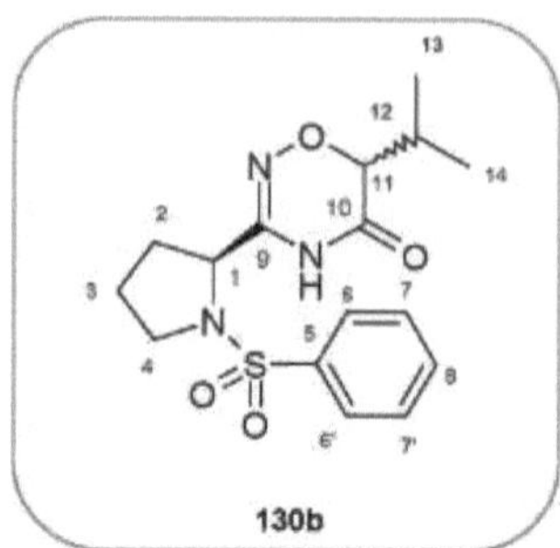

130b

Fórmula bruta: C16H21O4SN3 .

M (g /mol): 335.

Revelador: lâmpada UV.

Rdt = 80%.

Aspeto: Sólido branco.

Solvente de cristalização: clorofórmio / éter de petróleo.

[1]nNMR H (300MHz, CDCl3): δ 1.06-1.149 (m, 6H13,14); 1.61-1.71 (m, 2H3,3'); 1.93 (m,1H); 2.35-2.41 (m, 2H4,4'); 3.26 (m, 1H2); 3.57 (m, 1H2'); 3.95 (d, 1Hh, J=5.7Hz); 4.27 (dd, 1Ha, J= 7.5Hz, J= 3.6Hz); 7.63 (t, 2H7.7'); 7.67 (d, 1H8); 7.87 (d, 2H6.6'); 8.89 NH.

[13]**NMR C** (75MHz, CDCl3), δ16.72 (C13); 18.25 (C14); 26.96 (C12); 28.95 (C4); 49.25 (C2); 58.11 (C1); 80.36 (C11); 127,01 (C6); 127,33 (C6'); 128,83 (C7); 129,03 (C7'); 133,20 (C8); 135,04 (C5); 150,18 (C9); 165,81 (C10).

Caso da (2S, 6R) e (2S, 6R) 6-isobutii-3-(1'-benzenossulf0nyipytrolidm-2'-yl)-4,6-dihidro-1,2,4- oxadiazin-5-ona: ***130c***

12

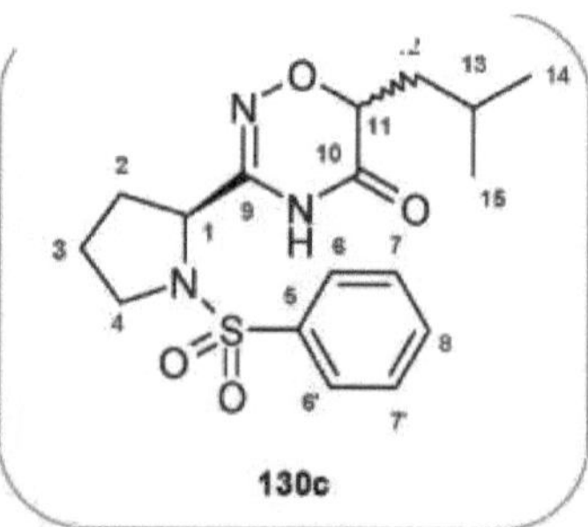

130c

Fórmula bruta: C17H23O4SN3 .

M (g /mol): 349.

Revelador: lâmpada UV

Rdt = 83%.

Aspeto: Sólido branco.

Solvente de cristalização: clorofórmio / éter de petróleo.

^{1}**NMR H** (300MHz, CDCl3): δ 0,98 (m, 6H14,15); 1,65-1,74 (m, 3H3,3',13); 1,78 (m, 2‰); 1,97 (m, 1H4); 2,29 (m, 1H4'); 3,26 (m, 1H2); 3,59-3,62 (m, 1H2'), 4,19- 4,28 (m, H11,1); 7,59 (t, 2H7,7'); 7,65 (d, 1H8); 7,84 (d, 2H6,6'); 8,92 NH.

^{13}**NMR C** (75MHz, CDCl3), δ 21,73 (C14); 23,09 (C15); 24,50 (C13); 26,89(C3); 29,66 (C12); 36,40 (C4); 48,89 (C2); 58,61 (C1); 74,26 (C11); 127,49 (C7,7'); 129,25 (C6,6'); 132,73 (C8); 135,52 (C5); 151,30 (C9); 167,090 (C10).

Caso da (2'S, 6R) e (2S, 6S) 6-sec-butii-3-(1'-benzenesu[fonilpirro[idin-2'-il)-4,6-di-hidro-1,2,4-oχadiazina-5-ona: ***130d***

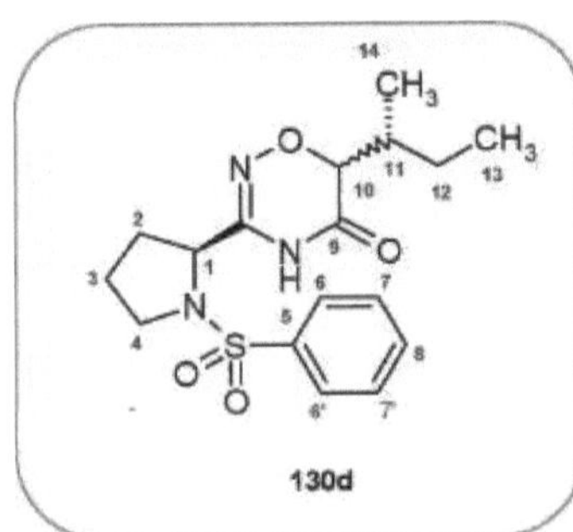

Fórmula bruta: C17H23O4SN3 .

M (g /mol): 349.

Revelador: lâmpada UV

Solvente de cristalização: clorofórmio / éter de petróleo.

Rdt = 89%.

Aspeto: Sólido branco.

$^1{}_n$**NMR H** (300 MHz , CDCl3): δ 0,97 (t, 3H); 01,06 (d, 3‰), 1,39(m, 1H), 1,57 (m, 3H), 1,96(m, 1H), 2,12 (m, 1H); 2,28 (m, 1H); 3.16 (m, 1H2'); 3.50 (m, 1H2), 4.06 (d, 1H10); 4.08 (t, 1H1); 7.63 (m, 2H7,7'); 7.67 (d,1H8); 7.87 (d, 2H6,6'), 8.85 NH.

$^{13}{}_n$**NMR C** (75MHz, CDCl3), δ 12,08(C14);1,43(C15); 24,89 (C13); 25,68(C3); 29,23(C); 33,96(C4); 49,75(C2); 58,95(C1);79,04(C11); 128,95(C6,6'); 129,32(C7,7'); 133,70(C8); 135,51(C5); 150,72 (C9); 166,43(C10).

Caso de (2S, 6R) e (2S, 6R) 6-benzil-3-(1'-benzenossulfonilpirrolidina-2'-il)-4,6-di-hidro-1,2,4-oχadiazina-5-ona: ***130e***

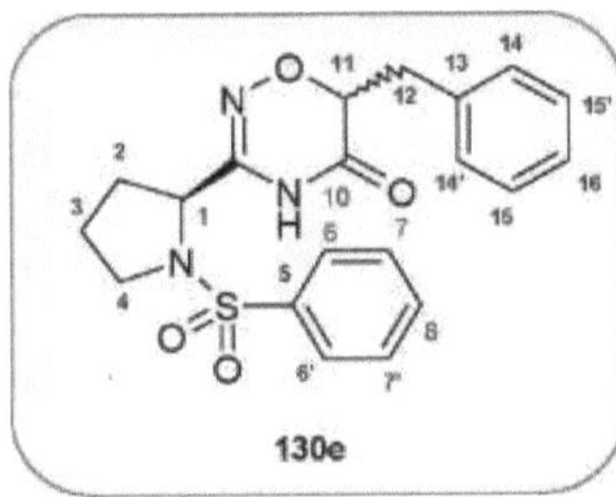

Fórmula bruta: C20H21O4N3S.

M (g /mol): 383.

Revelador: lâmpada UV

Solvente de cristalização: clorofórmio / éter de petróleo.
Rdt = 75%.
Aspeto: Sólido branco.
[1]NMR H (300 MHz , CDCl3): δ 1,64 (m, 2H); 1,92(m, 1H); 2,30 (m, 1H); 3,19 (m, 2H); 3,34(m, 1H2'); 3,56 (m, 1H2); 4,25 (m, 1H11); 4,37 (m, 1H1); 7,32-7,75 (m, 10H), 8,78 NH.
[13]RMN C (75MHz, CDCl3), δ 24,83(C3); 29,30 (C12); 34,64(C4); 50,17(C2); 58,92(C1); 78,52(C11); 126,89; 127,54; 127,85; 128,47; 128,99; 129,58; 132,75; 135,29; 151,37 (C9); 166,37(C10).

Conclusão geral e perspectivas

Na procura de novos heterociclos quirais com potencial atividade biológica, sintetizámos uma série de cinco novas 1,2,4-oxadiazinas-5-onas quirais.

A estratégia de síntese adoptada no decurso deste trabalho consiste em preparar primeiro uma série de a-bromoácidos opticamente activos a partir de aminoácidos com rendimentos que variam entre 70% e 98%.

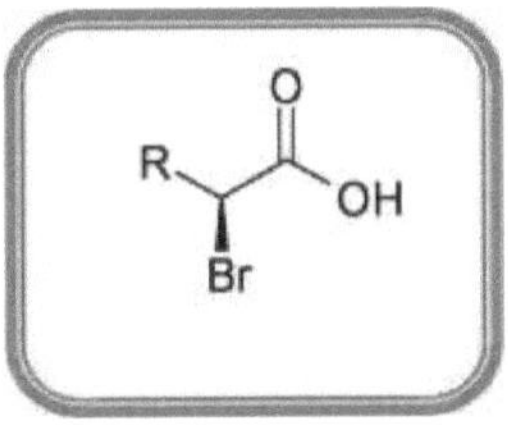

*a: R=Me; **b**: R= i-Pr; **c**: R= i-Bu; d: R= Sec-Bu; e: R= Bn; f: R= i-Bu

Numa segunda etapa, transformámos os a-bromoácidos nos a-bromoésteres correspondentes utilizando cloreto de ácido. Os rendimentos químicos dos a-bromoésteres obtidos situaram-se entre 76% e 90%.

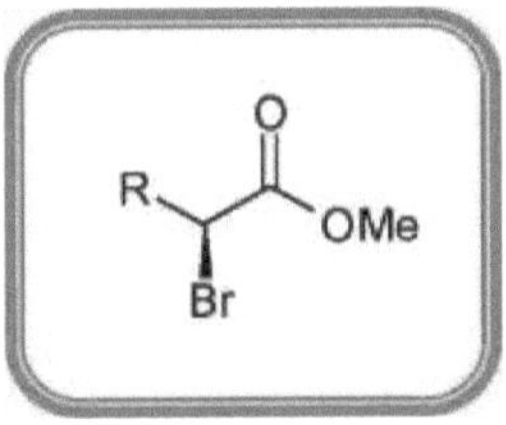

*a: R=Me; **b**: R= i-Pr; **c**: R= i-Bu; d: R= Sec-Bu; e: R= Bn; f: R= i-Bu

A condensação dos a-bromoésteres obtidos com a 1-benzenossulfonilpirrolidina-2-carboxamidoxima permitiu a síntese de uma série de cinco 1,2,4-oxadiazina-5-onas-6 substituídas quirais com bons rendimentos químicos, entre 75% e 89%.

O estudo espetroscópico mostrou que estes produtos foram obtidos como uma mistura de dois diastereoisómeros.

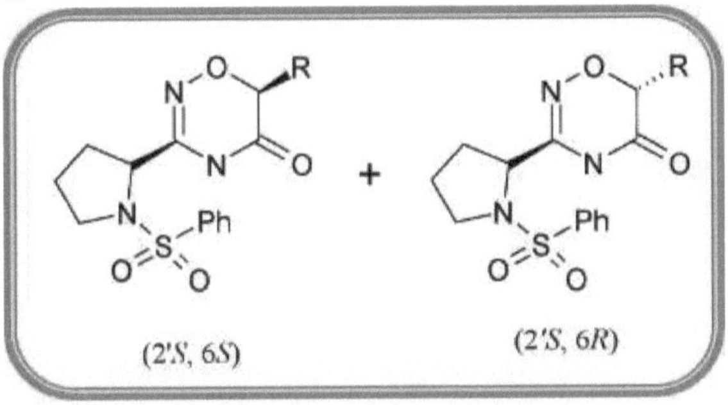

(2'*S*, 6*S*) (2'*S*, 6*R*)

a : R=Me ; **b** : R= i-Pr ; **c** : R= i-Bu ; **d** : R= Sec-Bu ; **e** : R= Bn .

Esperamos continuar a desenvolver este trabalho no futuro:

4- Utilizar os a-bromoésteres preparados noutras reacções para preparar heterociclos biologicamente activos.

4- Tentar separar os dois diastereómeros obtidos.

4- Testar a atividade biológica dos produtos sintetizados.

Printed by Books on Demand GmbH, Norderstedt / Germany